JN284813

人の考え方に最も近いデータ解析法

ラフ集合が意思決定を支援する

森 典彦・森田小百合 共著

KAIBUNDO

目　次

序文　*3*

1. 本書で何ができるか ……………………………………………… *5*
1.1　何が問題か ……………………………………………………… *5*
1.2　どんな場合に何ができるか―活用のシーン ………………… *12*

2. 人の思考のしくみとその延長 …………………………………… *19*
2.1　わかるしくみ …………………………………………………… *19*
2.2　「要するに…」に至る思考のしくみ ………………………… *24*
2.3　手計算で思考のしくみを代行し拡張する ………………… *28*
2.4　計算の実用化に際して ……………………………………… *39*
2.5　実用ではカテゴリーがふさわしくない場合がある―グレードで表す ‥*43*
2.6　ラフ集合論とは ……………………………………………… *62*

3. 人が行う「不確かな」思考判断 ………………………………… *69*

4. 帰納・仮説設定のための工夫と連鎖の発見 ………………… *75*

5. ラフ集合の分析と他の分析の比較 …………………………… *91*

6. 実際に極小条件を算出するときに必要な要領，注意 ……… *95*
6.1　データサイズ ………………………………………………… *95*
6.2　得られた極小条件の扱い …………………………………… *110*
6.3　得られた極小条件に実際上無意味なものがあること …… *111*

7. 実施例 113
  ① 学習塾で成績が伸びない子を救うために 113
  ② 中心市街地を活性化するためにはどこに着目すべきか 116
  ③ クルマメーカーのVI（ヴィジュアルアイデンティティ）戦略 125
  ④ 観光地の土産品はどういう人が買うか 129
  ⑤ スキンケア化粧品のHP上のメッセージ戦略 134
  ⑥ 食品の売り上げを伸ばすための，新聞，雑誌，テレビのPR戦略 142
  ⑦ 大豆ペプチドを買う人はどこから情報を得て，
    どんな健康意識を持っているか 148
  ⑧ ファッションに敏感な女性を探る 154
  応用分野一覧 161

あとがき　*167*
注記　*171*
索引　*173*
ラフ集合極小条件計算ソフトの紹介　*175*

序　文

　この本からは大きく分けて2つの知識を身につけることができる。
　1つは，さまざまな問題の解決や目的の達成に向けて，指針を見つけるための「手段」を獲得することである。そしてもう1つは，そもそもわたしたちの思考はどんなプロセスを経て進められるのか，その「しくみ」を理解できることである。
　実はこの本は前者の，問題解決や目的達成の指針を見つける手段を提供し，実業の場で活用してもらうという，実用書のつもりで計画された。そこで「問題は要するにこういうことだ，だからこれこれのことさえすればいい」という形で指針がコンピュータの計算によって見つけられることを丁寧に書いて示した。
　しかし一方で，この本を単なる手引き書にはしたくなかった。指針を見つけるに至るまでの論理の筋をきちんと示したいと思った。そのために論理の筋の元になっている人の思考のしくみを分かりやすく解説することにした。その結果，人の思考のしくみを解説した部分は，それだけで「なるほど，考えるというのはそういうことだったんだ」と理解できるし，さらに本書の提供する計算法は，実は人の考え方に最も近いものであることをわかってもらえると思う。また簡単な問題なら自分の思考が正しいかを手計算で検証することもできるので，読者の知的興味に応えるものとなったと信じる。
　この本は理屈っぽいことを扱っているにもかかわらず，読み物ふうでもある。すくなくとも著者はそのつもりで努力して書いた。読み物というからには，すらすらと後戻りすることなく読んで理解できるようでなければならない。そのためには，たまに話題が脇道に逸れることがあっても，論旨が一本道をたどるようになっていなければならない。教科書のようにいくつかの章を並べてそれぞれを解説するというやり方だと論旨が拡がるので読み物にはなりに

くい。

　その点，この本の論旨は一本道である。元来，人が日常間断なく行っている思考には3つの型があることをこの本はまず説明するが，そのうちの2つの型は不確かな思考であって，確かな思考経路は論理に従う1つの型のみであることをこの本で示している。その論理に従う思考こそが最も基本的な，そして最も頻繁に私たちが無意識のうちに行っているものである。この本はそれを取り上げ，詳しく調べ，そのプロセスを手計算に移し，さらにそれの規模を拡大するために計算機を用いる，という一本道の論旨で通したから，読み物になり得るはずである。

　この本の「手段」の部分が実業の場で活用されるか（そのためには別売りのソフトが必要であるが），あるいは「しくみ」の部分が読者の価値ある知識となれば幸いである。

1. 本書で何ができるか

1.1 何が問題か

　私たちは日常の生活や仕事でいろいろな課題に直面する。新しい家電製品を買ってきて使おうとするが，取扱説明書を読むのは面倒だ。いろいろいじってみてうまくいったりだめだったりし，そのうち「要領」がわかって使えるようになると知的なうれしさを味わう。しかし，そこにちょっとした「勘違い」が潜んでいて失敗したりする。

　パソコンで，ある画面を出そうとする。いろいろ操作してみる。はじめは複雑な操作を経てやっと目的の画面が出る。そのうちもっと効率的な操作を覚えて，「要するに」こうすればいい，こう覚えておけばいい，とわかる。

　情報も洪水のようにやって来る。振り回されないように必要なものだけを選び「整理」するために，つねに「判断」に迫られる。

　最も簡単な例をあげる。筆者の住んでいるところの近くにカンガルーという名のパン屋さんがある。筆者はいま流行の健康志向に従い，全粒粉入りのパンをよくその店で買う。店の主人いわく

> 「ウィークデーは全粒粉50％入りです。土曜・日曜は100％入りです。ただしウィークデーでも祭日ならば100％入りとなります。土曜・日曜は祭日でも100％入りです」

　ここに4個の場合分け（ケース）があるからといって，4ケースをそのまま暗記するようなことは誰だってしないだろう。次のどちらかのようにして覚え

るだろう．どちらも2ケースに情報を整理して覚えるのだが，どちらで覚えるかは人による言葉の意味の捉えやすさで分かれるかもしれない．

- 要するにウィークデーで祭日でなければ50％入りで，その他の日（土日・祭日）は100％入りだ．ここでウィークデーかつ祭日でない日を平日といえば，平日は50％入りで，その他は100％入りだ．
- 要するに土日・祭日は100％入りで，その他の日は50％入りだ．ここで土日・祭日を総称して休日といえば，休日は100％入りで，その他は50％入りだ．

こんな簡単な例では判断力を要するというほどでもない．

つぎにもう少し込み入った例をあげる．近頃は環境や資源保護のために家庭から出るゴミの分別がやかましい．ゴミ出しは正しく分別して出すようにとのお知らせが筆者の住んでいるところの町会からも来て，次のように書かれてあった．

「野菜くずは刻んであってもいいからきれいにして，ふつうゴミとして出してください．プラスチックボトルやガラスビンでラベル・印刷などの不純物や汚れが付いているものは，割ったりしないでそのままふつうゴミとして出していただいて結構です．破れたり破損したりした紙・段ボールの類は，汚さないで回収ゴミとして出していただきます．破損していない紙・段ボールももちろん回収ゴミとなります．なお，もしプラスチックボトルやガラスビンが不純物や汚れを除去してきれいにしてあれば，そのまま資源ゴミとして出してください．」

本当はこの他に粗大ゴミとか小金属とかの規則も書かれているのだが，ここでは省略すると，ここに5個のケースについて指示されている．人によっては，このお知らせを切り抜いて冷蔵庫の扉に磁石でとめるとか，キッチンの壁に貼るとかして，ゴミ出しのたびに読んだり，暗記しようとしたりするかもしれないが，たいていの人はそれは面倒だから，たとえば図表1-1のようなメモ

野菜くず	刻んであっていいから，きれい	
プラボトルやガラスビン	不純物や汚れあり，原形のまま	ふつうゴミ
紙や段ボール	原形のままで，きれい	
紙や段ボール	破損していていいから，きれい	回収ゴミ
プラボトルやガラスビン	きれいで，原形のまま	資源ゴミ

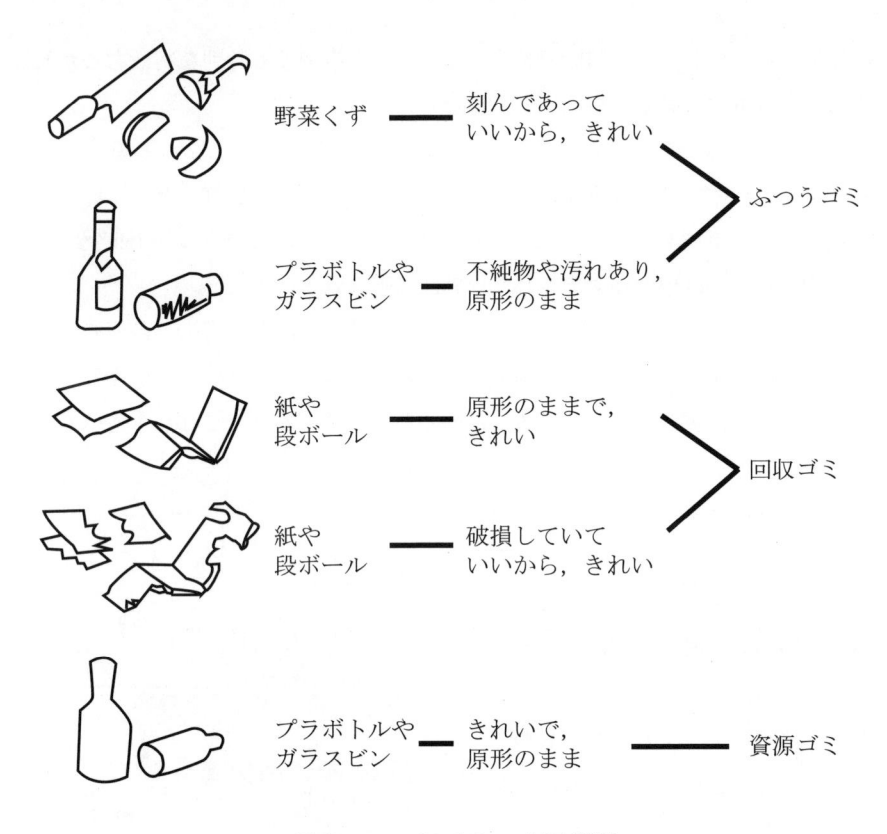

図表 1-1　ゴミ出しの分別規則

を自分で描いて眺める。

　眺めているうちに，これらの規則が整理できることがわかって

「何でも不純物・汚れがあればふつうゴミ。野菜くずはきれいにしてふつうゴミ。紙・段ボールは汚さないで回収ゴミ。きれいにしたプラスチックボトルやガラスビンは資源ゴミ」

という簡単になった規則をゴミ出しの要領として頭に入れる。「要するにこうすればいい」，またはちょっと自分の判断に自信がなければ「要するにこうす

ればいいらしい」という判断である。このような事例でも特別な判断力とか洞察力というものが必要というほどではないだろう。

　日常生活ではこの程度の判断ですむことが多いが，仕事となると違ってくる。もっと複雑で高度な課題が待っている。経営上どう手を打ったらよいかの問題や，商品計画をどう立てたらいいかの問題や，マーケティング戦略など，複雑で難しい。直観ではすまされない判断に迫られる。

　しかしながら，その多くは上に述べたような日常の問題と構造上は同じである。単に情報が格段に多く，込み入っているに過ぎない。このことに着目することはたいへん重要であり，構造上は同じだからこそ本書でこれから述べるような解決への道が拓けるのである。

　そのような仕事上の例を1つあげよう。ある中小企業経営者が，ある地方都市の近辺で，昨今はやっている農産物の直売所を6店舗経営しているとする。これは架空の話で，これから述べるデータも架空のものであって，わざとややこしいものにしてあることをお断りしておく。

　直売所の経営に係る項目として

品揃え・産地・情報サービス・立地・付属施設

の5項目があるとする。これらを直売所の**属性**といってもいい。現実の経営者にとっては財務関係などもっと他の項目も考えなければならないと思うが，ここでは省略する。そして経営している直売所にU1からU6の番号を振る。

- U1店は町中に立地して狭いので飲食コーナーの施設はないが，素材にこだわった品揃えを地元中心に集め，素材の調理法や注意点などお客へのサービスは店員が直接説明するようにしている。

- U2 店は反対に郊外に立地し，産地として地元中心に集めることと素材の調理法や注意点などのサービスは店員が直接説明することは U1 店と同じだが，大型店だけに素材と加工品の両方の品揃えをしているし，飲食コーナーも設けている．
- U3 店も郊外に立地しているが，U2 店と違ってむしろ U1 店に似て飲食コーナーはなく，素材にこだわった品揃えを地元中心に集めている．ただし素材の調理法や注意点などのお客への情報は主にチラシやパンフレットで説明している．
- U4 店は町中に立地して狭いので U1 店と同様に飲食コーナーの施設はなく，素材にこだわった品揃えをしているが，その産地としては地元以外からも集めている．素材の調理法や注意点などの情報は主にチラシやパンフレットで説明していることは U3 店と同様である．
- U5 店も町中に立地しているが，U1 店や U4 と違って欲張った店である．すなわち素材と加工品の両方の品揃えをしているし，産地として地元以外からも集め，素材の調理法や注意点などのサービスは店員が直接説明するようにしているし，飲食コーナーも設けている．
- U6 店も町中に立地しているが，U5 店と違って品揃えは素材にこだわっている．その他は U5 店と同様で，産地は地元以外からも集め，素材の調理法や注意点などのサービスは店員が直接説明するようにしており，飲食コーナーを設けている．

　この 6 店舗のうち U1 と U2 と U6 の 3 店舗は業績好調で，U3 と U4 と U5 の 3 店舗は業績が振るわないという．

　さてこのデータから，業績好調店舗と不調店舗を見分ける簡潔な規則を，ゴミ出しのときのようにうまく思いつくだろうか．

　経験に富んだ経営者ならば，つぎのように言うかもしれない．

　「好調な 3 店舗はそれぞれ異なる理由で好調を維持しているようだ．したがって不調な店舗にはなくて好調な 3 店舗が共通して持つような特徴はとく

にない．3 店舗共通ではないけれど，素材の調理法や注意点などお客へのサービスは店員が直接説明するようにし，かつ素材にこだわった品揃えをすることは，好調な U1 と U6 が持つ，不調な店にはない特徴だし，また素材の調理法や注意点などお客へのサービスは店員が直接説明するようにし，かつ産地は地元中心とすることは，好調な U1 と U2 が持つ，不調な店にはない特徴だ．反面，調理法や注意点などお客への情報をチラシやパンフに頼ることは，それだけで不調な店舗の特徴となる．これらを要するに，素材の調理法や注意点などが店員から直接説明され，その上で素材にこだわった品揃えか，あるいは地元中心に産地が絞られていることが好調な店の特徴だ」……ここまでの判断を前半の判断としよう．

「これらを経営の見地から今後の問題として考えると，素材の調理法や注意点などは客に店員が直接説明すべきであり，その上で素材にこだわった品揃えをするか，あるいは地元中心に産地を絞るかさえすれば，他はどうあろうと好調を保つだろう．新しく店舗を出すときはこれでいこう」……この判断を後半の判断としよう．

ここには前半・後半 2 種類の判断がある．

まず前半は，調査で得たデータにより，現存する好調な店と不調な店を見分けて，それぞれの特徴がわかったという，いわば現実に関する**知識獲得**の言明であり，後半は，新しい店はどうすればいいかという，いわば未来に関する**推論**の言明である．データから獲得した現実の知識に基づいて未来を推論したのである．そして実際の場面に応用するとき，知識獲得が目的になる場合もあるし，推論が目的になる場合もある．ここで挙げた直売所の例では，経営者はこれからどうすべきかを考えるのだから推論が目的であり，一方，前にあげたゴミ出しの要領は知識として得るのが目的であって，推論は必要ない．

他の場合をいくつかあげると，事業を興すとか，何かを計画するとか，新製品を開発するとかいうような，これから作る物事のための指針を得るのが目的ならば推論が有用だし，ある商品などがどんな客層に買われているかを現状分析してターゲットをはっきりつかむとか，画像認識，病気診断，文字の自動認

識，物品の自動分別など，総じて言えば現状における特徴把握が目的ならば知識獲得が有用である。その具体的な様子については後の章に実際の応用例を載せるので味わってほしい。

さて直売所の経営者に戻るが，上記の判断はどちらも正しい。この判断に至るのはパズルのようなもので，結果を短時間で出すのは少々難しいかもしれないが，じっくり落ち着いてデータを見ていれば，経営者でなくとも誰でも正しい結果がわかってくるのではないか。この程度の大きさのデータまでなら見渡しているだけで何とかなる。

この結論はどうして出るのだろうか。上記のデータを自分でやってみるとわかるように，経営者の経験から来た判断力とか勘だとかいうものではなく，はっきりした論理的なしくみに基づく判断なのである。勘のようなものではない。

しかし，この例よりもっと複雑な問題に直面すると，どんなに優れた経営者や企画者でも洞察力の限界を超えてしまう。いま例示したのは難しいといってもたかが6個のデータだし，属性も5項目にすぎない。実際にはマーケティングで市場調査をしたときのデータとか，商品企画でサンプル調査をしたときのデータなどは何十何百という数になるだろうから，いくらデータを眺めていても始まらない。お手上げである。無理に判断しようとすれば結論を間違えたりするのを避けられない。もし正しい結論を過不足なく考え出したら，それこそ「経営の神様」である。

しかし，しくみは同じなのだ。だから少々複雑な問題なら判断に手計算を併用することによって結果を出せるし，またどんなに複雑化した問題でも後に説明するコンピュータ・ソフトを使った計算を併用するならば，本書の方法によって正しい解決が得られるのである。

以上，パン屋さんから始まってゴミ出し，直売所と3つの例をあげてきた。それらは一見して互いに何の関係もない，別々の問題のように見えるかもしれないが，実はみな同じ構造を持った課題であって，同じしくみの判断をしてきたのだが，その構造と判断のしくみについて何も触れて来なかった。

しかし，それらは次章以降に詳しく見ていくこととし，その前に，ここでは社会に起こっている現実の諸問題に目を向けてみたい。

1.2　どんな場合に何ができるか―活用のシーン

筆者らはこれまで生活の身近な課題を取り上げてみたり，いろいろな分野の現場に出向いて行って取材し，抱えている課題をピックアップしたりして，本書の方法，考え方を使えないか，また使えば解決への方向づけがどのようにできるかを，あるいはイメージし，あるいは実際に試みて確かめたりした。以下にその例として，いくつか活用のシーンを紹介してみよう。

① 上田市の地域活性化の試み

筆者の1人は上田市に住んでいる。昨今，地方都市では大型ショッピングセンターの出現により，中心市街地の商店街の衰退が深刻化している。上田市においても例外ではない。シャッター通りといわれながらも地元の商店街組合はさまざまなイベントや企画を試み，活性化への自助努力をしている。しかしながら画期的な成果へ結びつかず，課題を抱えたままの状況が長期にわたって続いている。最近，上田市の福祉支援団体や商店街組合，市民ボランティアなどが連携して「まごの手プロジェクト」を立ち上げたのも状況打開の一手だ。これは高齢者や子育て中の親子を中心市街地に呼び込み，人と人との交流から地域活性化を図るという試みの事業である。月に一度「まごの手」と称する日を設け，商店街の空き店舗を利用して，高齢者向けの体操教室やナツメロ歌謡，ガーデニングセミナーなどや，昔からある町の映画館では古い名作映画の上映とその映画の逸話・秘話の講演など，一日中，町なかで楽しく過ごす人たちで賑わう。また託児サポートに高齢者が参画したり，知的障害を持つ人が手作りパンを販売するショップもあったりする。こうしてコミュニティの場づくりから中心市街地の活性化に結びつけようという試みだ。

しかし、これらのイベント的事業では効果は一過的で終わってしまうかもしれないと筆者は考えて、もっと根本的な対策を探るべく、イベントの機会を利用してアンケートを実施して、中心市街地に対する一般住民の意識を分析した。調査分析の具体的な内容は、後の「7. 実施例」の章に述べるが、要するに商店街が最低限どのような条件をクリアしさえすれば、どんな属性を持つ人たちが中心市街地に来て買い物や飲食をしたいと思うか、を本書の方法によって導き出すことができた。直接にはアンケートに答えた人たちについての事実がわかったのであるが、住民全体についてもそういえるだろうと推論してよいのである。「まごの手プロジェクト」を契機にして長期的な活性化計画を立てるための指針としてこの結果を上記の諸団体に示し、これに沿った施策を促しているところである。

② 動物病院の診断支援

病院での問診にスポットを当ててみたい。通常、患者が身体の痛みや症状を担当医に伝え、担当医は専門知識や経験から病名を判断して患者に診断結果を告知するわけだが、それが犬や猫といった動物の場合はどうなのだろうか。

筆者は上田市内のある動物病院の院長先生にお話をうかがった。それによると動物の場合は自分で症状を訴えることができないので、飼い主に頼るところが大きい。とくに日本はイギリスやフランスに比べ、ペットを飼うことについての公的な制度、サポート体制が低いことが影響して、飼い主のペットに対する金銭面や愛情面は、飼い主によって大きな格差があるのが実態だということだ。それゆえに言葉で症状を伝えられない動物たちの症状を細かに代弁するような飼い主ならよいが、そうでない飼い主が多く、その場合は症状を引き出すのが困難とのことである。動物病院では見てすぐわかる典型的な症状はともかく、そうでなくて「食欲がない」「元気がない」「吐く」「下痢する」「痒がる」「痛がる」などのあいまいな症状のとき、医師は病名を診断するに当たり、まず原因として可能性のある疾患を列挙し（鑑別診断）、つぎにそのなかから正

しい病名を探し出すために「ワクチンの接種を済ませているかいないか」「屋外に出しているかいないか」「他の犬，猫と接触があるかないか」「人間の食べ物を与えているかいないか」などの情報を飼い主から聞き出し，自分の専門知識および経験に照らしながら病名を絞り込んでいくという。

　筆者は以上のお話をうかがってすぐ思いついたことは，この院長先生のお話をデータとしてまとめ上げることができれば，本書の方法を使って一種の自動診断ができるのではないかということである。つまりエキスパートシステムといわれるものである。医師の診断に代わるものとはいえないまでも，知識を整理するという意味での支援にはなるものと思うのである。そのつもりでもう一度，院長先生にお会いして，今度はインタビュー形式で上記のお話をヒアリングし，本書の方法を適用すれば，たとえば以下のような形式の知識が得られるのである。

- ワクチンを接種していなくて，他の犬，猫と接触がある生活ならば，疾患 A である可能性が高い。
- 外に出さないで，人の食べ物を与えているならば，疾患 B である可能性が高い。

　ここでは可能性の知識を例示したが，もちろん「確かに」の知識を得るようにもできるのであって，本書で扱っているのは，ほとんどの場合は「確かに」の知識である。たとえば上記の例で

- ワクチンを接種していなくて，他の犬，猫と接触があって，さらに血液検査で特定の値が検出されるならば，過去の症例で知り得た範囲内からいえば確かに疾患 A である

というような知識である。

③ 保育園児の偏食はどうして起こるか

　教育の現場を見ると，多くの保育園，小・中学校では「食育」への取り組みがなされている。日常の食生活が子供たちの心や体の成長に大きく影響を与えることは，教育の現場のみならず，私たちの周知するところである。

　最近，筆者は長野市内のT保育園の園長先生から保育園での苦労話を聞く機会があった。それによると，T保育園では園児の「食育」は保育のなかでも極めて重要な課題であるとし，毎月，子供たちに食材の買い出しから調理までを取り組ませている。さらに子供たちは園内の畑で野菜を栽培・収穫し，自分たちが作った料理を給食で食べるクッキングデーを実施している。こうしてこの保育園は，食育は保育園だけのものではなくて「日々の食事」が食育であるとの信念のもと，家庭での食事のしかた，起床時間や就寝時間と食事の時間の関係などについてアンケートを実施したとのことである。

　それを聞いて筆者はお手伝いできると考えた。まだ未着手であるがアンケート調査結果をデータとし，本書の方法で処理することにより，子供の「偏食」にスポットを当てたとき，アンケートにあった偏食の子供たちについて確実にいえる食生活，生活リズムの最低限の条件を洗い出し（知識獲得），ひいては家庭でどのような食生活，生活リズムで過ごす子供が偏食になる傾向にあるかを導き出す（推論）というものである。

④ 学習塾の先生の悩み

　筆者の1人が住む近所に小学生の通う小さな学習塾があり，その先生と親しくしている。その先生から子供たちの勉強のことで悩みを聞かされた。成績が伸びる子はみんなやる気があってそれを持ち続けており，それが伸びる原因だということがわかっているからいいが，成績が伸びない子はやる気がなぜ湧かないのか，どんなことが原因になっているかがはっきりしないので困っているとのことだ。筆者はそれをはっきりさせるには本書の方法が使えるかもしれないと思って先生にそのことを伝えたところ，興味を持たれ，塾に通っている子

供のうち、よくわかっている子供10人について、わかっていることや感じていることを思いつくままに話してくれたので、データ表としてまとめ、本書の方法で分析した。その結果、伸びる子は確かにやる気が持続すればそれだけで伸びるという特徴があるが、伸びない子は集中力が保てないということのほかに、親の姿勢が問題な上に子供に素直さがないかまたはやる気がないとか、素直さが足りない上にやる気がないことなどが特徴だということがわかった。やる気がないだけでは特徴とはならないことも判明した。これらの結果をそのまま先生に報告し、喜ばれた。分析の全体については後の「7. 実施例」の章に述べる。

⑤ 商品のマーケティング計画に活用

　クルマや衣服など、消費財商品のマーケティングの世界では、ずいぶん前からの常識がある。成熟した消費社会においては、ある商品を買ってもらおうとする人たちを対象に、その人たちの属性を調べ上げ、それらの平均的な属性を求めてそれに合った商品を作ってみんなに買ってもらおうとしても、結局は誰の価値観にも合わなくて買ってもらえないということは、マーケティングの世界ではみんなが知っている。それは消費者のライフスタイルや価値観が多様化していて、平均しても何の意味もないからだということも知っている。そこでマーケターはどうするかというと、買ってもらおうとする消費者全体を、価値観の似たものどうしでいくつかのクラスタ（まとまった群）に括り、それぞれのクラスタのなかで人の属性に関して平均的な商品を作る。そうすれば、できた商品はクラスタのなかの各個人の価値観にかなり近いものとなることが期待できるからである。これは統計的な考え方に立っており、大まかには正しいけれども、いくらかのずれ（誤差）があるのを無視することになる。

　もう1つの方法が本書の方法である。本書の方法によれば消費者全体についてのことを大まかにいうことはできないが、調査した範囲内の消費者については確実にいえることが抽出できる。それは、前に述べた直売所の例で、好

調な店の特徴が抽出された手順を見れば，確実にいえるということがわかる。マーケティングでも同じであって，消費者について確実にいえることとは，ある価値観，たとえばファッションに敏感な人たちを目的の対象とするとき，人の属性が次のいずれかでさえあれば，その人は（調査した範囲内では）確実にファッションに敏感な人である，といってよいのである（知識獲得）。したがって調査以外のすべての消費者についても，ほぼそういってよい（推論）。

- Aタイプ：フルタイム勤務，かつ子供が5歳以下
- Bタイプ：自分の将来や自分らしさを大事にする，かつ生活に刺激を求める
- Cタイプ：自分の年収が600万円以上，かつ子供が5歳以下

たとえばとして紹介したこの知識は，実は筆者たちが実際に調査し，本書の方法を使って抽出したものである。株式会社ハー・ストーリィという調査会社があって，インターネットやECサイト（ウェブ上の電子商店）をよく利用する女性1000人を対象にして2012年度に女性マーケティング調査を実施した。筆者らもそれに参画し，分析面を担当して，そこで得られたものの一部なのである。そして，こういう知識はファッション商品の商品計画や，ファッション誌で特集コーナーを企画する場合などに活用できる。なお，この調査・分析の全貌は後の「7. 実施例」の章に掲載する。

以上5つの活用例を紹介したが，本書による解決への方向づけはいずれも「調べた情報を要約すると……でさえあれば確かに目的を達する」「目的を達する条件は……である」というような言葉（知識獲得の言葉）として得られる。さらには「要するに……だけあれば（確かではないが）概ね目的を達するらしい」という言葉（推論の言葉）としても得られている。これが他の方法にはない，本書の方法の特徴である。

詳しくは次章に述べるが，この本書の方法は集合論の一種であるラフ集合論や，その拡張版であるグレードラフ集合論で行われる計算を活用している。それによって人の思考・判断力を拡張しているのである。

2. 人の思考のしくみとその延長

　前章で述べたような，「要するに…」という結論を得るに至る，人の判断過程（ひいては後に述べる計算過程）を明らかにする出発点として，人が物事を認識する，物事がわかるとはどういうことかを考えてみよう．筋をたどればむずかしいことではない．

2.1　わかるしくみ

　哲学者坂本賢三（1931–1991）によれば，そもそも物事を認識して「わ（分）かる」ということは，「分ける」ということだという（**図表 2-1**）[1]．まだわからないたくさんの対象があったとき，対象を分けて，いくつかの決められたカテゴリーにあてはめていく（分別する，分類する）ことによって初めて対象がわかり，認識できるのである．

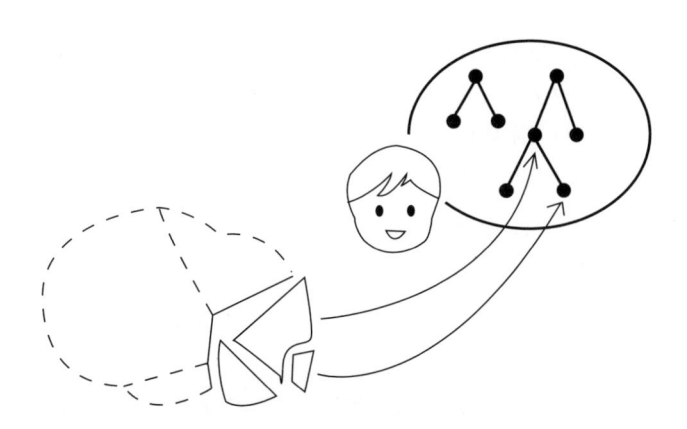

図表 2-1　わかるとは分けること，分けて分類すること

決められたカテゴリーといったわけは，人によって勝手に決められたカテゴリーであって，対象がもともと性質として持っているわけではないからである。もともといろいろなカテゴリーが存在していて，対象がそのどれかに隠れて分類されているのを私たちが発見するというようなものではないのである。人がいろいろな概念（対象のいろいろな属性など）に対して勝手に決めたカテゴリーなのである。そのカテゴリーを私たちは自分なりに過去の経験から学び知識として蓄えている。

たとえば個々の動物を認識し理解するために，動物の属性である「生きる場」という概念を取り上げ，先人が決めて自分の知識にある「陸に棲む」と「水に棲む」という2つのカテゴリーを使って分類することができるし，また「育て方」という概念を取り上げて「哺乳類」と「非哺乳類」という2つのカテゴリーを使って分類することもできる。どの概念・カテゴリーを使って分類するかは自由であり，恣意的である。動物全体を認識するために「生物」を「動物」「植物」「微生物」のカテゴリーに分割し，生物を理解するために万物を「生物」「非生物」に分割することができる。こうすると万物はきれいに階層化されたカテゴリーを使って分類することができるかに見える。

アリストテレスは万物をこのようにして階層化することを考えた最初の人である。たくさんのカテゴリーを自分が勝手に決めて導入し，階層化し，万物をあてはめた。しかし言葉は有限であるから，概念が足りなくて分類がうまく階層に乗らないところが出てくる。そうすると分類ではなく，ものの価値判断など，他の基準を使って階層の上下に並べるようなことをした。

その考え方は後にキリスト教に受け継がれ，キリスト教において万物は神を頂点とする1つの巨大な階層を構成すると考えられた。分類は本来，万物の認識のための手段であったはずが，そのことを忘れて，ここでは万物存在の優劣の秩序を表すものとなった。その秩序はその後のキリスト教世界の歴史にたいへん大きな影響を残すことになったのである。

このような価値判断を伴う階層化を別にしても，人は分類のための概念探しを，全体構造がなるべくツリー状の階層となるように求めてきた。ツリー状構

造とはグラフの一種で、含まれる要素（節という）を線でつないで関係を表したときに、それらの線が文字どおり樹木のように幹から枝へ、枝から小枝へと順々に展開していくような構造である。1つの節が2か所に現れることはない。

　対象の分類がうまくできて全体構造がツリー状をなすとき、認識がしやすくなるし、間違った認識を避けることができる。全体構造がなるべくツリー状になるようにするのはそのためである。たとえば図表2-2に示すツリー構造において

　　　A1ならば…B1
　　　A2ならば…B1
　　　A3ならば…B2
　　　B1ならば…C1

などと読み取れる。その意味は、「A1ならば…B1」というのは、B1が名詞のとき、「A1ならば…それはB1に含まれる」（図表2-2の右上に集合論で使われるベン図で示した）である。たとえば「（A1）ネズミならば…（B1）陸棲動物

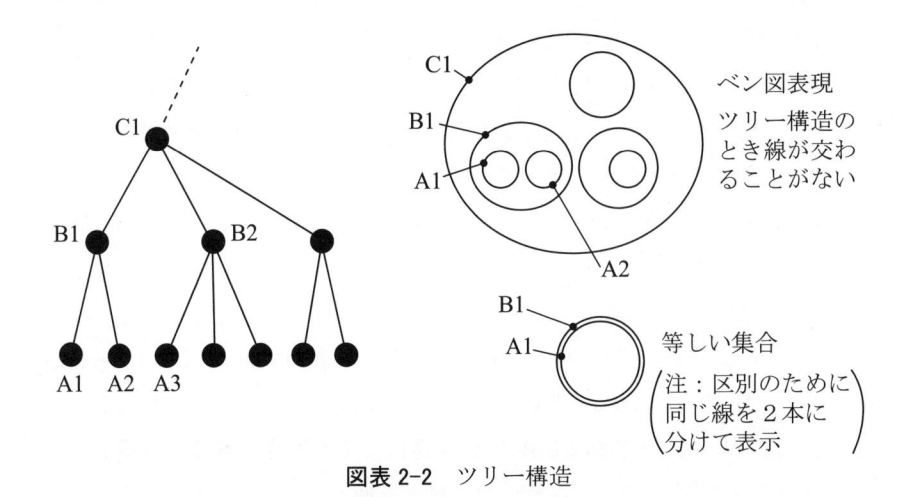

図表 2-2　ツリー構造

に含まれる」など。「含まれる」というのは集合論の意味であって「イコールであり，言い換えたものである」（同図右下）も含意する。たとえば「(A1) 日本人ならば…(B1) 日本国籍を持つ者である」「(A1) この人は…(B1) 加藤さんである」など。A1やB1が名詞でなく形容詞のときは「その性質を持つもの」であり，たとえば「(A1) ネズミならば…(B1) 陸に棲むものに含まれる」「(A1) この直売所は…(B1) 高評価の店に含まれる」は，A1は名詞であるがB1は「性質を持つもの」である。そして階層を遡ると「(B1) 陸に棲むものならば…(C1) 動物である」「(C1) 動物ならば…(D1) 生物である」など。このようにツリー構造なら，認識はすべて1つのカテゴリーでできるからわかりやすい。

　もしツリー状をやめて数多くの個体を単に横並びに置いて全体を1つのカテゴリーで括ったのでは分類にならないから正しく認識できない。覚えるのにも丸暗記するしかなく，わかったといえない。だから上記の動物の例でも2つのカテゴリーに分割し，それぞれのカテゴリーに含まれる対象数を減らしてわかりやすくする。

　ツリー状の典型的なものに生物の系統発生図がある。生物学者は生物の系統発生が原理的にツリー状をなすことに着目して，複雑で膨大な種類を擁する生物全体を分類するために系統発生図を用いることによって認識を容易にした。

　しかし適当な概念を探してきてカテゴリーを設けても，選び方がよほどうまくないと，なかなかツリー状にはならない。むしろ世の中の物事のほとんどは日常使う言葉で考える限り，概念不足で分類はツリー状にならない。世の中でほとんどの場合がそうであるように複数の概念で認識しようとするとき，**図表2-2** のようには描けない。具体的に上記の動物をあてはめていくと，Bの上の階層Cに上記とは別の概念「子の育て方」をとって，「(A1) ネズミならば…(B1) 陸に棲む」「(B1) 陸に棲むならば…(C1) 哺乳類である」「(C1) 哺乳類ならば…(D1) 動物である」といってしまうと間違いとなる。陸に棲むものは哺乳類と限らないからである。BとCを逆にしても同様の意味で間違いとなる。「生きる場」「育て方」という2つの概念を使った場合を正しくいうならば

「ネズミならば…[陸に棲みかつ哺乳類]である」となる。[陸に棲みかつ哺乳類]は2つのカテゴリーの組み合わせである。したがってツリーにならない。ここで念のためにいうと,「何々かつ何々」というカテゴリーの組み合わせは論理学的には連言といい,and 結合を意味する。

ツリーにならないとき,新しい概念を創作してツリーにする手がある。たとえば話題になることの多い肥満の問題を取り上げる。健康の見地から身長と体重を下記のように判断したとする。実際より簡単化して考えている。

　　身長が大で体重が小ならば痩せすぎで不健康
　　身長が大で体重が大ならば健康
　　身長が小で体重が大ならばメタボで不健康
　　身長が小で体重が小ならば健康

このとき分類をツリー状にしようとすると,カテゴリーとして複数の概念の組み合わせを用いて,**図表 2-3** の左図(ツリーを横倒しにして描いてある。以後同じ)のように描くしかない。これでもわかるし,覚えるのにそう困らないかもしれない。

しかし「バランス」という新しい概念を創作し,その定義を体重対身長の比とすると,同図の右図のようにきれいなツリー状となって理解に貢献する。もっとも医学的に厳密にいえば「バランス」の定義を BMI すなわち体重対身長の2乗の比としなければならないが。

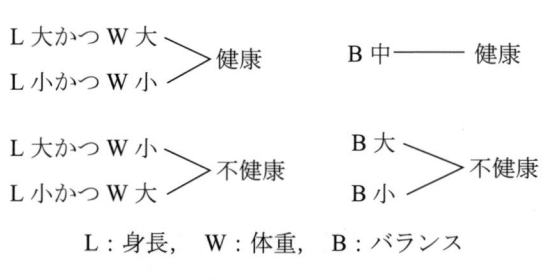

```
  L 大かつ W 大 ╲                    
                 ＞健康       B 中 ─── 健康
  L 小かつ W 小 ╱

  L 大かつ W 小 ╲              B 大 ╲
                 ＞不健康             ＞不健康
  L 小かつ W 大 ╱              B 小 ╱

        L:身長,　W:体重,　B:バランス
```

図表 2-3　身長対体重の分類

このように足りない概念を創り出して補っていくと，理想的には世の中のどんなに複雑な問題でもきれいにツリー状に整理して正しく認識する道が拓けるはずであるが，反面その新しく生まれる膨大な数の概念の意味を，果たして正しく判別することができるかという問題が生ずる。現実的には上記の「バランス」という新概念の創作はそうたやすくできるものではない。普通はやはり組み合わせをつくるしかない。なるべく少ない概念の組み合わせをつくり，簡単化して認識しようといろいろ工夫するのが概念不足という困難な現実に対して処する人間の作戦なのである。それがすなわち前章で紹介した，パン屋さん，ゴミ出し，直売所の例で「要するに…」に至る過程にほかならない。さらにいえば，それは本書で後に述べる複雑な問題から理解を導くためのデータ処理の手順であり，またこれも後に述べるが，人が生まれつき持っている特徴把握という，認識のための上手な方略なのである。

2.2 「要するに…」に至る思考のしくみ

さて，この見地から前章に取り上げた，パン屋さん，ゴミ出し，直売所の例をもう一度見直し，「要するに…」の知識獲得に至る考えのしくみをみてみよう。

パン屋さんについてはすぐに前章に述べた結論がわかるので，ここに取り上げるまでもない。ただ，そこに付言した「ウィークデーかつ祭日でない日を平日といえば…」というときの「平日」は，上記の健康の話において「バランス」という概念を導入することによってツリー状にしたのと同じ効果があることに注目しておきたい。

つぎはゴミ出しを考える。改めて前章の**図表 1-1** と「要するに…」の結論を見てほしい。「要するに…」の結論は何をしたのか。振り返ってみると，それはふつうゴミ，回収ゴミ，資源ゴミの分別ルールを見いだすのを目的としたのである。詳しくいうと，この3つの分別先が互いにどう違うかを，ゴミの種類や，きれいかどうか，原型か破損かなどの属性のなかに見いだすのである。

ゴミの種類が何か，きれいかどうか，形の状態は原形と破損のどちらなのか

という，属性には具体的な状態を表すカテゴリーがある。箇条書きすると

 属性 カテゴリー
 種類………野菜くず／プラボトルやガラスビン／紙や段ボール
 きれいさ…きれい／不純物・汚れ
 形の状態…原形／破損

というように，属性はそれぞれいくつかのカテゴリーに分けられている。そして，たとえばあるゴミが，「種類」という属性については「野菜くず」というカテゴリーに該当するならば，そのゴミは「野菜くず」という**属性値**を持つという。つまり属性値とはある対象が，ある属性について該当するカテゴリーをいうのである。ゴミがきれいであれば，「きれい」は「きれいさ」という属性についてのそのゴミの属性値である。

 3つの分別先のなかで，たとえばふつうゴミだけにあって他の2つの分別先には決してないような属性値の組を見つけ，それをふつうゴミの分別ルールとするのである。3つの分別先を互いに識別するための属性値の条件といってもいい。

 さて図表1-1を眺めていると，まず野菜くずはふつうゴミだ。ふつうゴミのところにしか出てこないから。他は状態によっていろいろだが，不純物や汚れというのはふつうゴミにしか出てこないから，不純物や汚れたものは構わずふつうゴミといえる。紙や段ボールは状態がどうあれ回収ゴミだけだ。プラボトルやガラスビンできれいなのは資源ゴミの条件だ。ということがだいたい読みとれて，前章の「要するに…」の結論となる。しかし注意深く見ていないと見落としがあるかもしれず，いつもこのように眺めて探すやり方だと確信が持てないかもしれない。そこで明快に表すために記号を加え，図表2-4のように表につくり替えて見落としがないようにし，結論を検証してみよう。なお，本書にはこのような形の表がこれからたくさん出てくるが，使う記号について，対象をU（個々の対象はU1, U2, U3など）で表し，属性をA, B, C, …（個々の属性値はA1, A2, A3など）で表し，分類をY（分類先はY = 1, Y = 2な

U	属性カテゴリー			Y(分別先)
	A	B	C	
U1	A1(野菜くず)	B1(きれい)	C2(破損)	1(ふつうゴミ)
U2	A2(プラボトル・ガラスビン)	B2(不純物・汚れ)	C1(原形)	1(ふつうゴミ)
U3	A3(紙・段ボール)	B1(きれい)	C1(原形)	2(回収ゴミ)
U4	A3(紙・段ボール)	B1(きれい)	C2(破損)	2(回収ゴミ)
U5	A2(プラボトル・ガラスビン)	B1(きれい)	C1(原形)	3(資源ゴミ)

U：対称となるゴミ

図表 2-4　ゴミ出しの分別表

ど）で表すことで一貫させている。したがって，いちいち言葉を書かないで記号だけで表している場合があることをお断りしておく。

　はじめに Y＝1（ふつうゴミ）に分別されるための条件を求める。Y＝1 に分別される対象は U1 と U2 であるが，Y＝1 だけにあって他の Y にはない属性値は A1（U1 より）と B2（U2 より）だけである。この 2 つは Y＝1 に分別される（識別される）条件である。B1（U1 より），C2（U1 より），A2（U2 より）や C1（U2 より）は他の Y にもあるからだめ。

　1 つの属性で識別できなければ組み合わせてみる。たとえば「A1 かつ B1」というような，前に述べた連言すなわち and 結合をつくるのである。まず「A1 かつ B1」とか「A1 かつ C2」というような，単独で条件となっている A1 との組み合わせを考えるのはムダであり，必要ない。なぜなら A1 だけですでに条件を達成しているのに，それより限定した「A1 かつ B1」が条件を満たすのは当たり前だからである。図表 2-5 の右図はそれを集合論のベン図で説明するもので，「A1 かつ B1」は集合論の言葉でいうと A1 と B1 の積集合（交わりともいう）であって図中アミかけで示す部分である。図でわかるように A1 と B1 が交わりを持てばその部分は必ず A1 に含まれる。だから A1 だけ考慮すれば足りるのである。同図の左には「A1 または B1」すなわち A1 と B1 の和集合（結びともいう）のベン図も示した。

　「A1」だけで条件を満たすなら「A1 かつ B1」は条件を満たすに決まってい

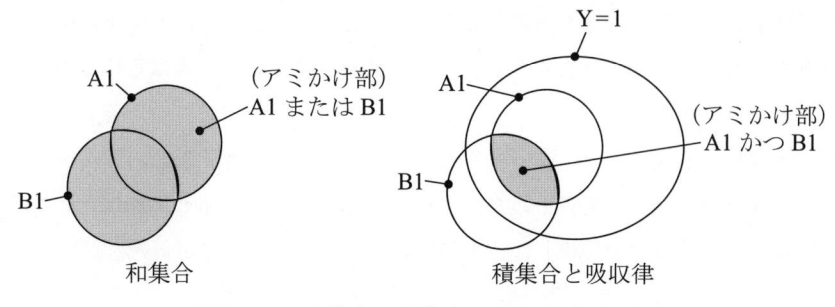

図表 2-5　和集合，積集合，吸収律のベン図

るので不要という，このことは論理学では**吸収律**という名で公式化されている。人はこの論理を生まれつき身につけており，無意識のうちに吸収律で盛んにムダな情報を捨てている。たとえば「丸顔で目がパッチリでカールした髪」なら誰々さんとわかっているのに，ことさら「ホクロがどこ」にあるかまで見てから誰々さんと認識したりはしないし，見えたって無視するものだ。ムダな情報にとらわれるのは石橋を叩いて渡るというものだ。話は余談になるが，人には性格があり，必要な情報以上の，不必要な情報まで集めてから判断するような人はいわゆる「慎重派」であって石橋を叩いて渡るというのはそういう人をいい，判断に間違いはないがムダがあって効率が悪い。逆に必要な情報まで達しないうちに判断してしまうような，上記の例でいえば「丸顔で目がパッチリ」だけで誰々さんと判断してしまう人はいわば「せっかちな人」であって，

図表 2-6　人の性格

判断は早いが正しいこともあるし間違うこともある。そして過不足ない情報で判断することによって正しくてムダのない判断をするように人は努めるのである。また，条件を間違って覚えて「丸顔で目がパッチリで波打った髪」が誰々さんと判断する人は「カン違いする人」というものだ（**図表 2-6**）。どんなに複雑で大量な情報からでも過不足なく条件を選ぶことができるとすれば，それは前にもいった「経営の神様」か，本書で述べるコンピュータ計算だ。

　話を本題に戻す。吸収律の論理から，単独で条件となっている B2 との組み合わせを考えるのも必要ない。そうすると残る組み合わせは「B1 かつ C2」（U1 より）と「A2 かつ C1」（U2 より）の 2 つであるが，どちらも他の Y にあるからだめ。結局 Y = 1（ふつうゴミ）に分別されるための条件は A1 および B2 だけである。

　つぎに Y = 2（回収ゴミ）に分別されるための条件を求める。Y = 2 に分別される対象は U3 と U4 であるが，Y = 2 だけにあって他の Y にはない属性値は A3 だけであり，これが Y = 2 に分別される条件である。他の候補として組み合わせを考えると，「B1 かつ C1」「B1 かつ C2」であるが，どちらも他の Y にあるからだめ。結局 Y = 2（回収ゴミ）に分別されるための条件は A3 だけである。

　つぎに Y = 3（資源ゴミ）に分別されるための条件を求める。対象は U5 であるが，単独で他の Y と識別できる属性値はないことはすぐわかる。そこで組み合わせを考える。「A2 かつ B1」「A2 かつ C1」「B1 かつ C1」の候補のうち，他の Y にないものは「A2 かつ B1」だけである。結局 Y = 3（資源ゴミ）に分別されるための条件は「A2 かつ B1」である。

2.3　手計算で思考のしくみを代行し拡張する

　以上は条件の候補としてまず目的の Y が持つ単独の属性値で，次いで組み合わせた属性値をつくって，それらが他の Y のすべての対象に対して識別できるかを調べたが，アプローチのしかたはこればかりではない。上記とは逆に，

まず他のYの対象の1つ1つに対して単独で識別できる属性値を見つけ，あとでそれらが他のYのすべての対象に対して識別できるように組み合わせをつくる，というやり方が考えられる。そのアプローチを次に説明する。このやり方は機械的で間違いが少ない代わりに細かい手順が多いので，表を目で追っていくのは厄介でもあるし思わぬミスを犯しがちでもあるから，手計算を加えて間違いなくやってみよう。

　手計算のために論理学の記号をいくつか導入する。たとえば「A1 かつ B1」は前述したように集合でいうところの「積」であるから「A1 × B1」と書くことにし，さらに略して今後は「A1 B1」と書くことにする。同様に「A1 または B1」は集合でいうところの「和」であるから「A1 + B1」と書くことにする。こう書いたとき，ある前提のもとでは**分配則**（ふつうの代数でカッコを外す計算）が成り立ち，ふつうの掛け算・足し算と同様に計算できることを，記号論理学者の G. ブール（1815–1864）が示した [2]。その前提とは，全体（全体集合）を 1 で表し，何もないこと（空集合）を 0 で表すことにより，前述した吸収律は

$$A + AB = A$$

と書け，また「A1 A1」とか「A1 + A1」はいずれも A1 に他ならないこと（これらを**べき等律**という）から

$$AA = A$$
$$A + A = A$$

と書けることである。これらを**ブール演算**ともいう。吸収律は**図表 2-5** のベン図で確かめたが，べき等律はベン図を描くまでもなく想像するだけで当然のこととして納得できるだろう。また吸収律はブール演算でも

$$A + AB = A(1 + B)$$
$$= A \times 1$$
$$= A$$

と確かめることができる。1 + B は全体と B の和集合だから当然 1 となるからである。

　こうして吸収律とべき等律の他はふつうの代数とみなして計算できることになったので本題のゴミ出しに戻る。

　はじめに Y = 1（ふつうゴミ）の条件を求める。Y = 1 は U1 と U2 である。はじめに U1 について調べる。U1 の持つ属性値のうちの，どれが他の Y すなわち U3，U4，U5 が持つ属性値と違っているかを順次見ていくのである。すると U1 が他の Y である U3 に対して識別できる属性値は A1 または C2 であり，U4 に対しては A1 であり，U5 に対しては A1 または C2 であることが見てとれる。ここで「または」は + を意味するので or 結合され，これらが同時に必要であるからすべてを「かつ」で結ぶ，すなわち × で and 結合する。すると U1 については次のように 3 因数の積の形に書けることがわかるだろう。これが Y = 1 に属する U1 の，他の Y に対する識別の条件である。

$$(A1 + C2)A1(A1 + C2)$$

　このカッコを外すのだが，いきなり全部のカッコを外すのでなく，べき等律と吸収律が使えるところにはこまめに使いながら行うと効率的である。ここでは，まずべき等律を使って (A1 + C2) が 2 つあるのを 1 つにしてからカッコを外し，続いて吸収律を使うと

$$\begin{aligned}(A1 + C2)A1(A1 + C2) &= (A1 + C2)A1 \\ &= A1 + A1C2 \\ &= A1\end{aligned}$$

と整理されて，結局 A1 だけが残った。

　U2 については，他の Y である U3 に対して識別できる属性値は A2 または B2，U4 に対しては A2 または B2 または C1，U5 に対しては B2 である。これらが同時に必要であるからすべてを × で and 結合する。すると U2 については次の 3 因数の積の形に書けて

$$(A2 + B2)(A2 + B2 + C1)B2$$

となるので，カッコを外したり，べき等律と吸収律を使ったりしながら整理すると

$$
\begin{aligned}
(A2 + B2)(A2 + B2 + C1)B2 &= (A2 + A2B2 + A2B2 + B2 + A2C1 + B2C1)B2 \\
&= (A2 + B2 + A2C1 + B2C1)B2 \\
&= (A2 + B2)B2 \\
&= A2B2 + B2 \\
&= B2
\end{aligned}
$$

となって結局 B2 だけが残った。

　$Y = 1$ は U1 と U2 からなり，それぞれの条件のどちらでもいいのだから，記号で書けばその和すなわち $A1 + B2$ が $Y = 1$（ふつうゴミ）に分別されるための条件である。言葉でいえば A1（野菜くず）または B2（不純物・汚れ）となり，前に述べた，**図表 2-4** をつくって頭で考える方法と同じ結果を得た。

　$Y = 2$（回収ゴミ）に分別されるための条件をこの方法で求めるのもまったく同様で，U3 については，他の Y に対して識別できる属性値の and 結合は

$$(A3 + C1)(A3 + B1)A3$$

であるから，同様の計算をすると

$$
\begin{aligned}
(A3 + C1)(A3 + B1)A3 &= (A3 + A3C1 + A3B1 + B1C1)A3 \\
&= (A3 + A3B1 + B1C1)A3 \\
&= (A3 + B1C1)A3 \\
&= A3 + A3B1C1 \\
&= A3
\end{aligned}
$$

となり，U4 については

$$A3(A3 + B1 + C2)(A3 + C2)$$

であるから，同様にして

$$A3(A3 + B1 + C2)(A3 + C2) = (A3 + A3B1 + A3C2)(A3 + C2)$$
$$= (A3 + A3C2)(A3 + C2)$$
$$= A3(A3 + C2)$$
$$= A3 + A3C2$$
$$= A3$$

となる。結局 U3 も U4 も A3 であるから，+ で結んだ A3 が Y = 2（回収ゴミ）に分別されるための条件となり，前の方法と同じ結果を得る。

Y = 3（資源ゴミ）に分別されるための条件をこの方法で求めるのもまったく同様で，唯一の対象 U5 について他の Y に対して識別できる属性値の and 結合は

$$(A2 + C1)B1A2(A2 + C1)$$

であるから，同様にしてまず 2 つの (A2 + C1) をべき等律で 1 つにしてから整理すると

$$(A2 + C1)B1A2(A2 + C1) = (A2 + C1)B1A2$$
$$= A2B1 + A2B1C1$$
$$= A2B1$$

となるから A2B1 が Y = 3（資源ゴミ）に分別されるための条件となって，前の方法と同じ結果を得る。

以上，この方法だと何でこんなにややこしいことを，と読者は思われるだろうが，手計算だからきちんとやれば間違いないし，後でコンピュータによる計算に置き換えるのに向いているからである。

つぎに前章に述べた，農産物の直売所の例を同じ方法でやってみる。まず前章の直売所のデータを記号化しながら表の形にして再録したのが図表 2-7 である。

U (店)	属性カテゴリー					Y (評価)
	A (品揃え)	B (産地)	C (情報サービス)	D (立地)	E (付属施設)	
U1	A1 (素材こだわり)	B1 (地元中心)	C1 (従業員)	D1 (町中)	E2 (飲食なし)	1 (好調)
U2	A2 (素材と加工品)	B1 (地元中心)	C1 (従業員)	D2 (郊外)	E1 (飲食あり)	1 (好調)
U3	A1 (素材こだわり)	B1 (地元中心)	C2 (チラシなど)	D2 (郊外)	E2 (飲食なし)	2 (不調)
U4	A1 (素材こだわり)	B2 (近郊含む)	C2 (チラシなど)	D1 (町中)	E2 (飲食なし)	2 (不調)
U5	A2 (素材と加工品)	B2 (近郊含む)	C1 (従業員)	D1 (町中)	E1 (飲食あり)	2 (不調)
U6	A1 (素材こだわり)	B2 (近郊含む)	C1 (従業員)	D1 (町中)	E1 (飲食あり)	1 (好調)

図表 2-7 直売所のデータ―属性と評価

　これまでゴミ出しで，分別の（識別の）「条件」といういい方をしてきたが，単に「条件」というのは本当は正しくない。正しくいえば「必要十分条件」である。必要十分条件とは，必要な条件をすべて満たし，かつ不必要な条件は排除した条件である。したがって必要十分条件を満たす属性値とは，必要な属性値はすべて含みながら不必要なものは含まない属性値の組，言い換えれば十分条件を保ちながら条件を極小にまで短くしたときの属性値の組である。この意味から，いままで単に条件といったのを以後は**極小条件**ということにし，極小条件を満たす属性値の組のことも単に極小条件ということにする。

　極小条件は直売所の経営者の言葉にもあるように日常的ないい方では**特徴**といってもいい。なぜなら日常的な言葉としての，あるものの特徴とは，そのものだけが持っていて，他のものにはないような性質のことだとみてよいし，その性質とはすなわち属性値（または組）にほかならないからである。

　これまで見てきたように極小条件は一般に複数存在する。そして，それらは「または」で結ばれる関係にある。

さて，われわれは Y = 1（好調な店）が Y = 2（不調な店）に対して識別されるための極小条件を求めるのが目的である．別ないい方では，全店舗のなかで，Y = 1（好調な店）が持つ特徴を求めるのが目的である．

ゴミ出しのときと同じ手順で進める．Y = 1（好調な店）に属するのは U1, U2, U6 であるから，まず U1 が Y = 2（不調な店）に属する U3 に対して識別できる属性値は何か，ついで U4 に対しては何か，…と求めていくのだが，ゴミ出しのときよりデータが多いので見落としがないように行列の形で行うのがよい．図表 2-8 左がそれである．これを**識別行列**と呼ぶことにする[3]．

つくり方を説明しよう．Y = 1 に属する U1, U2, U6 を図のように行列の各行の頭に並べる．他の Y，ここでは Y = 2 に属する U3, U4, U5 を図のように行列の各列の頭に並べる．そして図表 2-7 のデータで見て，U1 の属性値で U3 に対して識別されるもの（違っているもの）を，U1 行 U3 列の要素として書き込む．たとえば識別行列の U1 行 U3 列の要素が C1 と D1 となっているのは，図表 2-7 を見ると U1 の持つ属性値で U3 の属性値に対して識別できるのが C1 を持つこ

Y=1	U3	U4	U5		Y=2	U1	U2	U6
U1			A1		U3		A1	
		B1	B1					B1
	C1	C1				C2	C2	C2
	D1					D2		D2
			E2					E2
U2	A2	A2			U4		A1	
		B1	B1			B2	B2	
	C1	C1				C2	C2	C2
		D2	D2				D1	
	E1	E1					E2	E2
U6			A1		U5	A2		A2
	B2					B2	B2	
	C1	C1						
	D1						D1	
	E1	E1				E1		

図表 2-8 直売所の識別行列

とと D1 を持つことであり，それ以外は同じだからである．同様に U1 行 U4 列の要素が B1 と C1 であるのは，U1 が U4 に対して識別できる属性値が B1 と C1 であって，他は同じだからである．こうして U1 行 U5 列の要素が A1, B1, E2 と得られ，同様にして他の Y である U2, U6 の要素を求めて Y = 1 の識別行列が完成する．同様にして Y = 2（不調な店）が Y = 1（好調な店）に

対して識別されるための極小条件を求める識別行列が**図表 2-8** 右に示されている。

識別行列から目的の極小条件を求める。はじめに U1 について求める。好調な U1 が不調な 3 店 U3, U4, U5 に対して識別される極小条件であり，言い換えれば，要するに不調な店とどこが違って好調なのか，を求めるのである。**図表 2-8** 左において U1 行 U3 列の要素 C1 と D1 はどちらでも U3 に対して識別できるのだから「または」すなわち + で or 結合される。U4，U5 に対しても同様である。そしてこれらが同時に必要であるからすべてを「かつ」で結ぶ，すなわち × で and 結合する。なぜなら U3，U4，U5 の 3 店のどの店とも U1 は識別できなければならないからである。すると次のように積の形に書ける。

$$(C1 + D1)(B1 + C1)(A1 + B1 + E2)$$

同様にして U2 については

$$(A2 + C1 + E1)(A2 + B1 + C1 + D2 + E1)(B1 + D2)$$

が得られ，U6 については

$$(B2 + C1 + D1 + E1)(C1 + E1)A1$$

が得られる。さらに U1，U2，U6 のどれでも Y = 1 なのだから，これら 3 式は + で結ばれる。つまり識別行列から極小条件を求める演算則は，識別行列の要素について

1. はじめに行の U ごとに，各列の要素を縦に or 結合したものを列を超えて横に and 結合する
2. 行の U ごとに求めたそれらを最後に or 結合する

である。

あとはゴミ出しのときと同じようにカッコを外して整理する。

U1 についてべき等律と吸収律を使いながらカッコを外すと

$$(C1 + D1)(B1 + C1)(A1 + B1 + E2)$$

$$= (B1C1 + B1D1 + C1 + C1D1)(A1 + B1 + E2)$$
$$= (B1C1 + B1D1 + C1)(A1 + B1 + E2)$$
$$= (C1 + B1D1)(A1 + B1 + E2)$$
$$= A1C1 + A1B1D1 + B1C1 + B1D1 + C1E2 + B1D1E2$$

となるが，この場合は項数が多いから，見落としなく計算するためにはカッコを外した後の，整理するための計算を**図表2-9**のように，これらの各項を縦に並べて行うのがよい。

```
A1C1*
A1B1D1 ┐
B1C1*  │
B1D1   ├─ B1D1
C1E2*  │          ┐
B1D1E2 ┘          ├─ B1D1*
```

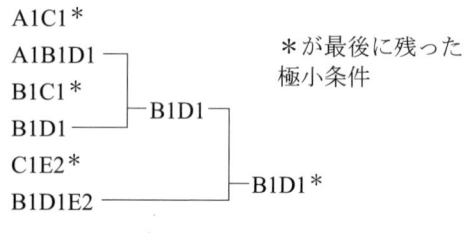

*が最後に残った極小条件

図表 2-9　直売所における U1 の条件の整理

結局整理して残った（図で＊を付した）A1C1, B1C1, B1D1, C1E2 が，$Y=1$ の U1 が $Y=2$ の U3, U4, U5 に対して識別される極小条件である。U1 を出どころとする $Y=1$ の $Y=2$ に対する特徴といってもいい。

同様にして U2, U6 についても計算されるが，煩雑になるので省略する。また，逆に $Y=2$ の $Y=1$ に対する識別の極小条件，つまり不調な店はどこが好調な店と違うのかも求めることができる。

いずれにしても，この程度のサイズのデータだと手計算ではかなりの労力を要するので，上記の演算を組みこんだコンピュータ・ソフトを使った方がいい。コンピュータなら数秒もかからない。巻末に別売ソフトとして使用法を含め紹介した。

しかしながら手計算でも慣れてくれば計算をたどるのが速くなるから，日常のごく簡単な問題を捕まえて，**図表2-8**の識別行列や**図表2-9**の整理の方法を駆使しながら手計算に挑戦し，一方において問題を頭で考えた結果と比較して自分の思考が正しかったか検証する，というのも面白いかもしれない。ゲーム感覚があって読者の知的興味に応えられるに違いない。

ここには結果だけを示すと，U2 については A2B1, B1C1, B1E1, A2D2,

Y=1	C.I.	U1	U2	U6	Y=2	C.I.	U3	U4	U5
B1D1	1/3	*			C2	2/3	*	*	
A1C1	2/3	*		*	A1D2	1/3	*		
B1C1	2/3	*	*		D2E2	1/3	*		
C1E2	1/3	*			A2D1	1/3			*
C1D2	1/3		*		B2E2	1/3		*	
A2B1	1/3		*		A2B2	1/3			*
A2D2	1/3		*						
A1E1	1/3			*					
B1E1	1/3		*						
D2E1	1/3		*						

C.I. はその Y に属する U のなかで，その条件を持つ U の割合

図表 2-10 直売所の極小条件の出どころ一覧

C1D2，D2E1 の 6 個が得られ，U6 については A1C1，A1E1 の 2 個が得られた。これを見やすくするために表にまとめて示したのが**図表 2-10** であり，極小条件がどの U から出たものかの一覧である。表には Y = 2 の極小条件の計算結果も示した。

これでわかるように，A1C1 は U1 と U6 に共通で，B1C1 は U1 と U2 に共通であって，他は単独である。Y = 1 の 3 店に共通なものはない。A1C1 は「素材にこだわって品揃えをし，かつ従業員が情報サービスする」であり，B1C1 は「産地は地元中心にして，かつ従業員が情報サービスする」であるから，前章で経験に富んだ経営者がいったのは正しかったのである。また逆に Y = 2 の不調な 3 店の極小条件は全部で 6 個が得られ，そのうち 2 店に共通なのは C2 であったが，C2 は「チラシやパンフで情報提供する」であるから，前章の経営者がお客へのサービスをチラシやパンフに頼るのはそれだけで店はダメだといったのも正しいわけである。

なお，表に C.I. と示したのは，たとえば Y = 1 のいちばん上の B1D1 が 1/3 となっているのは，Y = 1 の全対象 3 個（U1，U2，U6）のなかで B1D1 を持つ対象（U1）は 1 か所だから 1/3 であることを示している。すなわち，ある極

小条件の C.I.（Covering Index）とは，その Y に属する全対象のなかでその極小条件を持つ対象の割合をいう。その極小条件の出どころとなる対象の割合といういい方もできる。2 行目の A1C1 は U1，U6 の 2 か所あるから A1C1 の C.I. は 2/3 と示されている。B1C1 も U1，U2 の 2 か所あるから 2/3 である。

　C.I. が大きいほど，その極小条件が目的の Y に属する対象の多くに当てはまる（広範囲をカバーする）ことを意味するから，普遍的な極小条件であるといえる。したがって A1C1 と B1C1 は他のものに比べて普遍性ある極小条件である。逆に C.I. が小さい極小条件は目的の Y の一部にしか当てはまらない特殊な極小条件といえる。したがって B1D1 や C1E2 などは特殊な極小条件である。C.I. が大きい極小条件は目的の Y の性質をおおまかに代表し，C.I. が小さい極小条件は目的の Y の性質の一側面を表しているともいえる。

　理解を深めるために，この表の一部を集合論のベン図で描いてみた。C.I. が 1/3 のものは省略し，2/3 のもののみを取り上げて描いたのが**図表 2-11** の左図である。

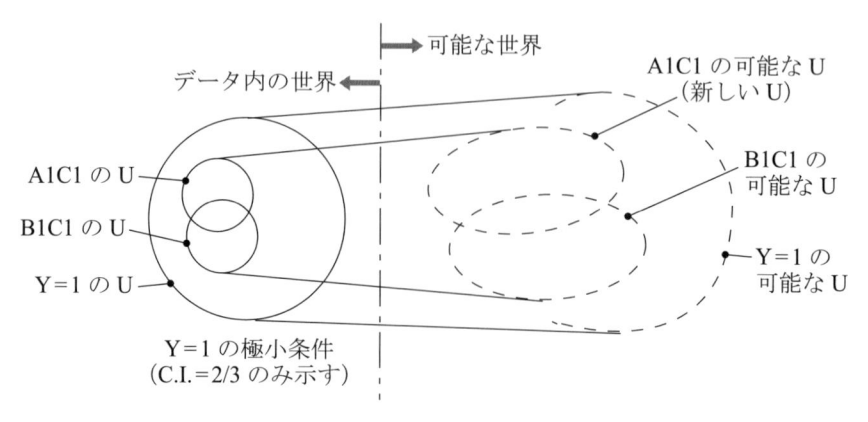

図表 2-11　直売所の極小条件のベン図と推論

2.4　計算の実用化に際して

　ここで実用面のことを振り返ってみよう。好調な直売所の極小条件を知ることは現実のデータからの知識獲得であって，これは確実な知識である。前に述べたゴミ出しの場合には知識獲得で事は足りたのだが，直売所では未来を推論することにこそ目的がある。すなわち極小条件 A1C1 をとって

　　「素材にこだわった品揃えをして，客への情報は従業員がサービスすることを守りさえすれば，他の属性はどのように計画したとしても多分好調な店とすることができるだろう」

という推論が役に立つのである。

　この推論はデータ内での事実を一般論に置き換えてデータ外の世界に適用するものであり，一種の帰納推論である。ただし必ずそうなるとはいえない不確かな判断となるのは止むを得ない。図表 2-11 右はこの推論をベン図に表現したものである。可能な U とは，現実にあるかどうかにかかわらず，未来にかけて存在しうる U のことであり，推論の目的はそのなかに目的の対象 U を探すことだといえるのである。

　こういう不確かな推論はごく普通のことで，新しい商品を開発するときに現存する商品からサンプルを選んで統計分析し，その結果得られた知識を新しい商品に適用することは広く行われるが，それが必ず推測どおりになるとは限らない。それと同じ性質の不確実さはこの場合にもある。現存するものについては確実でも，未来のものについては確実ではない。極小条件を備えていても確実ではなく，いわば「高い可能性」であるにすぎない。

　極小条件は上記で見てきたように，普通の場合，1つではなく複数の極小条件が得られる。極小条件を特徴把握などの知識獲得として使うとき，または新商品などの新しい対象を計画するための推論として使うとき，どの極小条件を選んだらいいか。実はそれは自由であり，自分にとって認識しやすい，あるいは新しい対象の計画がしやすい，都合がいいものを選べばいいのだが，一応の

選択基準というものは考えられる。それは

1. C.I. の大きいこと
2. 短い（属性値数が少ない）こと
3. 出現頻度の高い属性値を含むこと

である。

　1. の C.I. の大きいことというのは，C.I. が大きいことはデータ内で当てはまる対象が多い，すなわち普遍性を持つことを意味するからである。推論の場合でも，新しい対象の領域で普遍性を持つ可能性が高いと思われるからである。図表 2-10 の直売所の Y = 1 を例とすれば A1C1 や B1C1 を選ぶことになる。

　つぎに 2. の短い（属性値数が少ない）ことというのは，知識獲得がそれだけ簡単に行えることを意味するし，また新しい対象を計画するにあたっては拘束が少なく，極小条件以外の，計画者が自由に使える属性が多いわけで，したがって計画者は自分なりの好みなど，腕を振るう余地が大きいからである。図表 2-10 の Y = 1 を例とすれば，どれも属性値数は 2 個だから優劣差はない。

　つぎの 3. の出現頻度の高い属性値を含むというのは，なるべく多くの極小条件が共通して持つ属性値，すなわち極小条件間に出現する頻度の高い属性値を見つけ，それを含む極小条件を選ぶということである。極小条件を実際の意味で考えると，前にも述べたようにそれは対象の特徴であり，複数の極小条件があるということはその対象が多面的な特徴を持つということであり，出現頻度が高い属性値というのは多くの特徴のなかでの共通の性質といえ，重要な要素だからである。事実，後に概説するラフ集合論では，すべての極小条件に共通に出現する属性値を**コア**というから，コアまたはコアでなくともコアに近い属性値を含む極小条件を選ぶとよいということがいえる。図表 2-10 の Y = 1 を例とすれば B1（頻度 4），C1（頻度 4），D2（頻度 3）を含むものなどである。頻度の高い属性値を見つけ出すのは，すぐ後に述べる極小条件のグラフ表現である図表 2-13 を使うと便利である。

つぎに極小条件から少し逸脱した場合を考察してみる。もしA1C1にE2を加えてA1C1E2をつくると、これを持つUはY＝1に確かに属するから十分条件を満たしているが、必要以外の属性値が含まれていて極小でないから極小条件ではない。これを持つUをベン図に描く

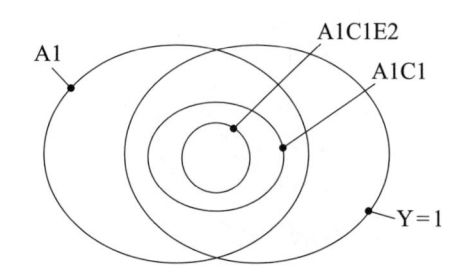

図表2-12 直売所の極小条件から逸脱した属性値組み合わせ例のベン図

と、図表2-12のように極小条件A1C1のUに含まれる。逆にA1C1からC1を削除してA1とすると、これを持つUはY＝1に属するものもあれば他のYに属するものもあって、ベン図は同図に示すように極小条件A1C1のUを含みながらY＝1に交わる形となる。したがって、これも極小条件ではない。しかし、このA1は実際の応用で有用な場合がある。それはY＝1を外れるリスクはあっても、ともかく1つの属性でおおざっぱに特徴をいいたいという場合があるからである。推論には危険すぎるので使わない方がいいが、知識として、たとえば直売所では「素材へのこだわりが好調のおよその特徴だ」などと簡単に覚えておきたい場合があるからである。A1を持つUのように、目的のYに交わるUの集合は後に概説するラフ集合論でいう上近似に相当する。なお、図中の記号は省略してあるが、Y＝1はY＝1に属するU（対象）のことであり、A1はA1を持つUのことであり、以下同様である。

また別の考察としてグラフ表現をしてみよう。図表2-13はY＝1とY＝2のそれぞれの極小条件のすべてをグラフ的に描いたものである。極小条件を個々の属性値にばらし、1つの帯で結んで1つの極小条件を表すようにした。C.I.が大きい極小条件は帯を2重の線で描いて区別した。帯は属性値以外のところでは交わらないように工夫してある。グラフ理論という分野があるが、その見方からいえば個々の属性値は頂点に、帯は辺に相当する無向グラフである。これを描くのに帯が交わらないこと以外に決まりはない。デザイン的感覚

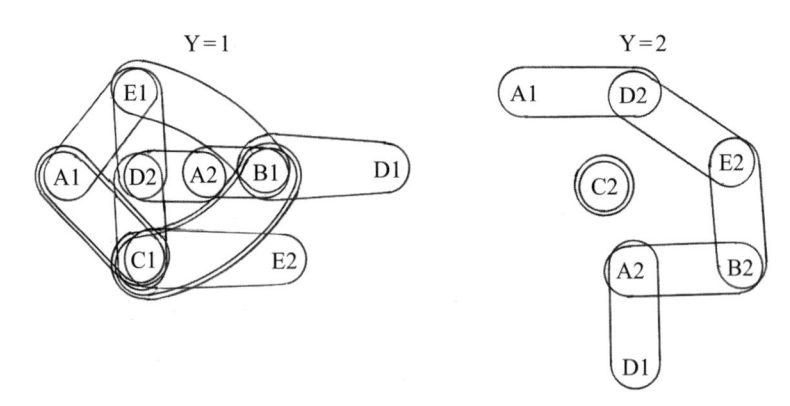

図表 2-13 直売所の極小条件のグラフ表現

でわかりやすく美しい形を描くのがよい。パズルを解くような気分を味わえる。なぜこのようなグラフ表現を描いたか。それは極小条件全体の構造を理解するのに役立つということもあるが、後の章「4. 帰納・仮説設定のためのくふうと連鎖の発見」で発想の道具として使うときに出てくるから、その布石として紹介した。グラフ表現をすると、Y＝2のC2のように独立のものもあるが、たいていの極小条件は連鎖状につながることがわかる。

　対象Uがそのまま分類Yとなるときもある。

　たとえば直売所の例で、好調な店のグループY＝1と不調な店のグループY＝2の違いを求めるのではなく、個々の店が他の店とどう違うか、個々の店の特徴を知りたいという場合もある。一般的にいうと、いままでの例では複数の対象UがY＝1とかY＝2とかになっていたのに対し、今度は1つ1つのUがそのまま1つ1つのYになる場合である。その場合はU1の行にはY＝1、U2の行にはY＝2、…というふうに書き入れて計算にかければいい。極小条件は個々のUが他のUから識別されるための極小条件であり、個々のUの特徴である。前に「2.2「要するに…」に至る思考のしくみ」のなかの余談として人を識別する話をしたが、人を識別するのも顔の特徴すなわち極小条件を捉えて識別するのであり、その場合、分類Yは個人名だから個人Uイコール分類Yとなるわけだ。

2.5 実用ではカテゴリーがふさわしくない場合がある—グレードで表す

いままで例にあげてきたゴミ出しとか直売所のデータは，属性がどれもカテゴリーに分けられていた．ゴミ出しでは属性A「種類」はA1「野菜くず」，A2「プラボトル・ガラスビン」，A3「紙・段ボール」，属性B「きれいか」はB1「きれい」，B2「不純物・汚れ」などと分けられ，直売所では属性A「品揃え」はA1「素材こだわり」，A2「素材と加工品」，属性B「産地」はB1「地元中心」，B2「近郊含む」などとカテゴリーに分けられていた．しかし，これでは不便なことがある．たとえば消費者の健康問題のアンケート調査で，分類YをY＝1「健康だ」，Y＝2「メタボだ」として，「健康だ」を目的とする極小条件を求めたいとする．質問項目の1つとして，あなたはA「自分は甘いものをよく食べるほうだ」と思いますかと質問し，答えの選択肢として

　　A1「よく食べるほうだと思う」
　　A2「それほどでもない」
　　A3「あまり食べないほうだと思う」

という3つのカテゴリーを設けたとする．このとき回答者はA1にするかA2にするかで迷うことがしばしばあるが，どちらを選ぶか（どちらを自分の属性値とするか）で結果として得られる極小条件が大きく異なってしまうことがある．データのちょっとした違いが結果ではまったく違ってしまうのは問題だ．

この問題を解決するには属性にカテゴリーを設けないで，**グレードで属性値を表せる**ようにすればよい．上記のA1，A2，A3のように，カテゴリーで表そうとするとある順序に並ぶような属性のとき（**順序関係にある**という）に，最高を1とし，最低を0として，その間を0から1までの数値（それを**グレード**という）を使って属性値とするのである．

順序関係にあるカテゴリーデータをグレード化するにふさわしい場面をあげる．

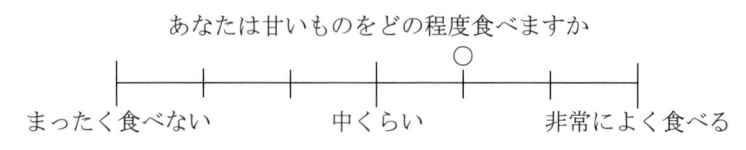

あなたは甘いものをどの程度食べますか

```
|────|────|────|──○─|────|────|
まったく食べない   中くらい    非常によく食べる
```

図表 2-14 SD 法調査の例

　第 1 はデータが人の感性にかかわる順序関係の場合で，上記がその例である。A1 にするか A2 にするかで迷った回答者は 0.7 とか 0.6 とかのグレードを選んで自分の属性値とすればよい。0.7 か 0.6 かはあまり気にする必要はない。これからの説明にあるように，ある数値（たとえば 0.3）以下の，グレードの小さな違いは結果に影響しないようにすることができるからである。感性がかかわる判断では概念カテゴリーにはっきり当てはまるといえないあいまいさが伴うことが多いから，グレードがふさわしい。SD 法といって，**図表 2-14** のように 1 つの線分の上のどこかに回答の○を付けてもらうというやり方でアンケート調査することがよく行われるが，その場合も線分の両端を 0 と 1 にして回答をグレード化することができる。

　感性にかかわる順序関係の場合でも，物理的刺激があって感性が受けとめる場合は工夫が必要である。たとえば，あるポスターの印象をグレードで表したいとする。ポスターを見た回数（物理的刺激）と印象に残る程度（感性）とは比例しない。

見た回数：	0	1	3	10	30以上
	↓	↓	↓	↓	↓
印象：	0	0.25	0.5	0.75	1

図表 2-15 ポスターを見た回数と印象

図表 2-15 上段のように回数を極めて「非」等間隔で切ってカテゴリーにしたときに，印象は同図下段のような等間隔なグレードに相当する。このことは心理学を知らなくても誰でも予想できる。事実，心理学者フェヒナーがこの関係を対数を用いて定式化した。本書の「7. 実施例 ⑤ スキンケア化粧品の HP 上のメッセージ戦略」はこうしてグレードデータを作った具体例である。しかし普通は対数を使わなくても，自分の経験を思い出して適当に**図表 2-15** のような対照表を用意してデー

タを作れば十分である。

　グレード化がふさわしい第2は，データの属性値が順序のある客観的・物理的数値の場合である。たとえばトマトの品質の分類において（本当にこんな例があるわけではないが）属性として計測した糖度，真円度，色のマンセル表記，質量などとすれば，属性値は数値なので，それぞれを0と1の間の数にグレード化することができる。また前出の直売所の例で，品揃えを素材・加工品の両方と，素材中心という2つのカテゴリーにしたが，どちらかにあてはめるのは極端で，全体の約何割が素材で残りが加工品だというように両者の割合で表す方が実際的だということもある。そうすると前出の直売所の経営者がいった，「お客へのサービスは店員が直接説明するようにし，かつ素材にこだわった品揃えをする」は，「どの程度に」が加わって，たとえば「お客へのサービスは<u>ほとんどを</u>店員が直接説明するようにし，かつ<u>7割がたを</u>素材とした品揃えをする」というふうな表現となって，精度が高められるのである。

　データの属性値が順序のある客観的数値であるもう1つの例として，生徒個人の成績（たとえば国語）を取ると，100点満点での採点を1/100にすれば，そのままグレードになる。ただし採点が最高の者が95点，最低の者が40点などのときは，他の属性に比べてグレード差が十分に表現されないから，最高点を1に，最低点を0に置きなおして，その間を比例的に配分するとよい。成績が優・良・可・不可のカテゴリーで評価されているときは，これも順序のあるカテゴリーなのでグレード化が可能で，それぞれに1・0.7・0.4・0.1などのグレードを割り振ればよい。

　データの属性値が順序のある客観的数値の場合，カテゴリーを決めるときに，特定のカテゴリーに対象が集中したり，ほとんどあてはまる対象がないカテゴリーがあったりすることを防いで，ほぼ均等に対象が各カテゴリーに分布するようにカテゴリーを決めることが多い。たとえば市場調査で，対象となる人の年齢なら，全体の概略の年齢別構成比を想像して**図表2-16上段**のようにカテゴリーを設けることが多いが，その場合，同図下段のように等間隔のグレードを割りつければよい。また世帯収入なら，同様に収入別構成比を想像し

```
20代以下  30代    40代   50代   60代以上
  ↓       ↓      ↓     ↓       ↓
  0      0.25   0.5   0.75     1
```

図表2-16 対象の年齢別構成を考慮したグレード

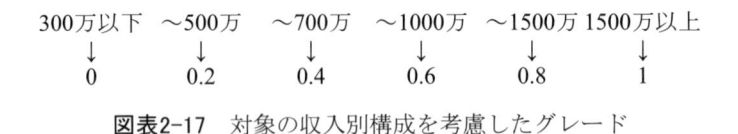

```
300万以下 ～500万 ～700万 ～1000万 ～1500万 1500万以上
  ↓       ↓      ↓      ↓        ↓        ↓
  0      0.2    0.4    0.6      0.8       1
```

図表2-17 対象の収入別構成を考慮したグレード

て図表 2-17 上段のように設けたカテゴリーを同図下段のように等間隔のグレードに割りつければよい。

　以上のように，順序関係にあるカテゴリーデータをグレードデータに変換すると，1つの属性は1つのグレード値を持つのみとなってデータが簡素化する場合が多いのもグレードデータのメリットである。

　グレード化がふさわしい第3は，属性値が統計的数値の場合である。たとえば上記の成績の例で，個人でなくて各学級の学力（たとえば国語）の特徴を明らかにしたい。成績は優・良・可・不可で評価されているとする。このとき上記のようにグレードを割り振ることで，学級のメンバーのグレードの平均値をとって学級の学力とすれば，国語という属性が1つのグレード値で表現できる。しかし，これでは学級の学力の特徴は表現されていない。そこで**図表2-18**左のようにカテゴリー別構成比を表せば，％の数値はそのまま各カテゴリーのグレードになって，構成比が特徴を表す。ただし，このようにしたとき国語が属性なのではなく，国語の優，国語の良，…，と別々の属性になることに注意する。図では学級 U1 の属性「国語の優」のグレード値は 0.25 である。

　もう1つ統計的な例をあげると，大規模なデータで，そのままではデータオーバーで扱えない場合である。たとえば最近アンケート調査をネット上で行うことが多くなったが，1日で何百何千という回答が集まる。こんな数のデータを1人1人を対象 U として分析する（極小条件の計算をする）と，本書で後に紹介する計算ソフトとパソコンを使っても莫大な時間が掛かってとても無

不可 9%　優 25%
可 24%
良 42%
学級 U1 の国語集計

何もしない 21%
ウォーキング程度 55%　スポーツ 24%
あるグループの日常の運動の集計

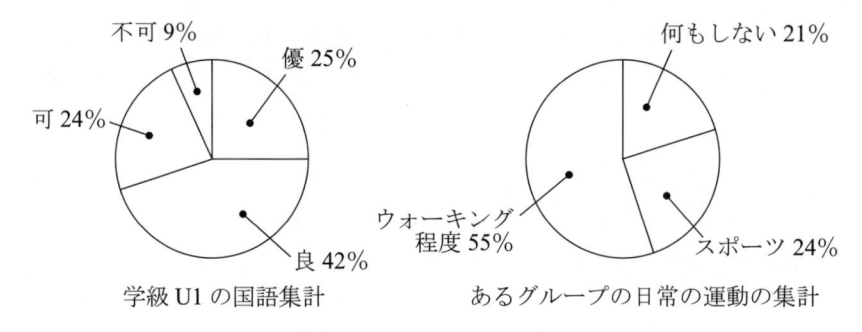

図表 2-18　統計でよく使われる扇形グラフ

理だし，計算結果が出たとしても莫大な数の極小条件が出てくるので煩雑であり解釈できるものではない。そんなとき何らかの方法で人をいくつかのグループに分けて，それぞれのグループを対象 U とするのである。人のグループが U となるならば，たとえば健康問題の調査において，「日常の運動」という属性項目に対して，個人のデータは

　　A1「スポーツをしている」
　　A2「ウォーキング程度をしている」
　　A3「運動は何もしない」

というカテゴリーのいずれかに答えたカテゴリカルな属性値であっても，グループの属性値は**図表 2-18** 右のようにグループごとの構成比をとることによってグレード化される。何らかの方法で人をグループに分けるといったが，年代別とか職業別とかなど，目的の健康問題に違いをもたらすと予想される指標を捉えてグループに分けるか，あるいは個人が答えたデータを使ってクラスタ分析する，などが考えられる。この後者の場合については後の章の実例で詳しく述べる。今後ネット上でのデータ採取はアンケート調査に限らず，ツイッターからのデータ採取などもあって，ますます増えるものと思われる。グループに分けることで対象の数を絞り，データはグレード化するという，このような前処理をするのがふさわしい局面は多くなってくるものと思われる。

データがグレード表現の場合に極小条件を求めるのも，カテゴリーの場合に準じて行うことができる。ここでも架空の例でデータを作って極小条件を算出し，カテゴリー表現の場合と比べてみよう。文脈のつながりをよくするために，例としては前述した直売所を取り上げる。**図表 2-7** の直売所のデータを使い，これをグレード化する。グレード化は，本来は客観的な数値であるものを，直観で大づかみにグレードに置き換えることにする。次に示す。

　　A：素材と加工品の品揃えのうち，素材の割合
　　B：地元と近郊の産地のうち，地元の割合
　　C：従業員とチラシなどの情報サービスのうち，従業員情報の割合
　　D：立地における人口密度
　　E：付属施設としての飲食施設の有無

とする。AからDまではグレード表現となるが，Eだけはカテゴリカルとなる。施設の有無だから中間の数値はない。実は後述するように，グレード表現の場合には一部にカテゴリカルな属性が混じっていても，それが「あり・なし」とか「大・中・小」など，3カテゴリー以下であれば計算可能なのである。3カテゴリー以下なら順序関係があってもなくてもカテゴリーのままでいいのである。だから，わざとEはそうした。データを**図表 2-19** のように作った。

U (店)	属性のグレード					Y (評価)
	A 品揃えのうち 素材の割合	B 産地のうち 地元の割合	C 情報のうち 店員の割合	D 立地における 人口密度	E 飲食施設の 有無	
U1	0.9	0.8	0.8	0.9	0	1(好調)
U2	0.4	0.7	0.7	0.4	0.5	1(好調)
U3	0.7	0.9	0.3	0.1	0	2(不調)
U4	0.8	0.4	0.2	0.8	0	2(不調)
U5	0.3	0.4	0.7	0.8	1	2(不調)
U6	0.8	0.5	0.8	0.7	1	1(好調)

図表 2-19 直売所のグレード化されたデータ

ここでグレード化は，AからDまでは元の属性値を次の範囲の数値に置き換えることによって行った。B1, B2その他も同様にした。

$$A1 \rightarrow 0\sim0.4$$
$$A2 \rightarrow 0.5\sim1.0$$

Eだけはカテゴリカルであるが，施設の有無だけでなく，中間的存在として簡易な施設を認めるためE1を2つに分け

$$E1\begin{cases} 施設あり \rightarrow 1 \\ 簡易施設あり \rightarrow 0.5 \end{cases}$$
$$E2 \rightarrow 0$$

という3個の数値を設けた。カテゴリカルなデータをグレード表現に取り込むための工夫である。

グレード付きの属性値を，たとえば属性Aのグレードがpならば

$$pA$$

と書くことにする。図表2-19でU1のAの列の0.9は0.9Aを示している。

カテゴリカルのときは図表2-7を眺めて優れた経営者なら「要するに…」と好調な店にするための極小条件をいい当てることができるかもしれないといったが，グレードのついた図表2-19を眺めて同様な判断ができるだろうか。おそらく無理だろう。意味を持つ言葉で出来ているデータなら，人は論理的な判断，言い換えれば意味の包含関係の判断がある程度はできるが，数値が加わってくると無理である。だから，グレードつきのデータから極小条件を導き出すには，どうしてもこれから述べる計算によらなければならない。

その計算はかなりややこしいので，計算に入る前に「要するに…」の判断はどんな形になるかを例で示そう。例はまた直売所である。極小条件が計算されるとつぎのような表現の知識となる。これは確実な知識である。

「要するに品揃えで素材の割合が0.9であり，かつ客への情報サービスで従業員による情報の割合が0.8でさえあれば，他の状況はどうあれ，

信頼度 0.5 で好調な店 U1 となる。言い換えれば信頼度 0.5 でいえる好調な店 U1 の特徴である」

そして，それに基づく未来への推論は

「品揃えで素材の割合を 0.9 以上 とし，併せて客への情報サービスで従業員による情報の割合を 0.8 以上 とすることを守りさえすれば，他の属性はどのように計画したとしても，信頼度 0.5 でいえる好調な店とすることができるだろう」

という表現になる。推論だから，もちろん不確実な判断である。注意すべきは推論の場合は「～以上」とか「～以下」というようにグレードに幅を持たせた表現になることであり，それができる理由は後述する。知識の場合はデータに実際に存在する対象の特徴だから，グレードが決まっていて幅はない。

さて，その計算にはまずカテゴリカルのときと同様に識別行列を作らなければならない。図表 2-19 のデータから作られた識別行列を先に示すと図表 2-20 のようになる。これをグレード識別行列と呼ぶことにする。これを使いながら考え方を説明する。行列の行の頭に目的 Y = 1 の U すなわち U1, U2, U6 を，行列の列の頭に他の U すなわち U3, U4, U5 を置くことはカテゴリカルのときの識別行列（図表 2-8）と同じである。目的の U と他の U を比較して違いがある属性値を見いだしたときに目的の方の U の属性値を

$\alpha = 0.4$ $Y = 1$

	U3	U4	U5
U1	—	—	0.6/0.9A
	—	0.4/0.8B	0.4/0.8B
	0.5/0.8C	0.6/0.8C	—
	0.8/0.9D	—	—
	—	—	1/0e
U2	—	0.4/0.4a	—
	—	—	—
	0.4/0.7C	0.5/0.7C	—
	—	0.4/0.4d	0.4/0.4d
	0.5/0.5E	0.5/0.5E	0.5/0.5e
U6	—	—	0.5/0.8A
	0.4/0.5b	—	—
	0.5/0.8C	0.6/0.8C	—
	0.6/0.7D	—	—
	1/1E	1/1E	—

図表 2-20 直売所のグレード識別行列
（α は閾値）

行列の要素として書き込むことも同じであるが、「違いがある」の意味が異なる。今度は「グレードが違う」ことを意味する。しかしグレードが少しでも違えば違いがあるとみなすのは現実的でない。究極的には人の判断の代わりをしてもらうわけだから、ある程度以上の違いがある場合に本当に違うとするのである。その程度のことを**閾値**（しきい値）と呼ぶ。つまり閾値以上の違いを有意な違いとして認めるのである。閾値をどう決めるかは客観的基準は何もないが、グレード幅が 0 から 1 なら、人の認知力からいって 0.3 とか 0.4 の違いならまず間違いなく違いがわかろうと思われるので、このぐらいの数値が閾値として妥当なところであろう。後に示すたくさんの実例もこのくらいにしている。

　前に**図表 2-19** のデータを作るところで、カテゴリカルが含まれていても 3 カテゴリー以下ならかまわないと述べた。その理由について触れる。2 カテゴリーなら 0 と 1 でカテゴリー間の違いは 1、3 カテゴリーなら 0、0.5、1 でカテゴリー間の違いは 0.5 であるから、閾値が 0.5 未満であればカテゴリーの区別ができるからである。もし 4 カテゴリーだと 0、0.33、0.66、1 でカテゴリー間の違いは 0.33 となるので、通常の閾値ではカテゴリーの区別ができないおそれがあるから避けた方がよく、4 カテゴリーは 2 つの属性に分けて、それぞれ 2 カテゴリーからなるものとすればよい。

　さて話を**図表 2-20** の説明に戻す。閾値を 0.4 としよう。そうすると U1 が U3 に対して有意な違いのある属性値を調べると、A は 0.9 対 0.7 で違いとならず、B も 0.8 対 0.9 で違いとならず、C が 0.8 対 0.3 で違いとみなせる。書き込むのは違いの量、すなわちグレードの差分であり、C については 0.8 から 0.3 を引いて 0.5 となる。そして U1 の C の属性値が 0.8C であることも表して、図表 2-20 にあるように 0.5/0.8C と書く。つまり、「/」の前はグレードの差分を表し、「/」の後は属性値を表す。D については 0.9 対 0.1 だから違いがあり、グレード差分は 0.8 だから、同じ記法で 0.8/0.9D と書く。E については 0 対 0 だから違いがない。ついで U4 に対する U1 からの違いも、また U5 に対する U1 からの違いも同様に調べて記入すればよい。それらが終われば、つ

ぎには Y = 1 のもう 1 つの U である U2 からの違い，U6 からの違いも同様に調べて記入すると図表 2-20 が完成する。ただしグレード差分に正と負があることを区別しなければならない。上記の C や D のように目的の U のグレードから他の U のグレードを引き算してプラスなら上記のように書けばいいが，マイナスになるときは便宜的な記法として小文字で書くことにする。図表 2-20 で U1 から見た U5 の違いにおいて，E について 1/0e となっているのは，E が 0 対 1 と有意な違いがあって差分はマイナス 1 だから，0E を 0e と書くことによってマイナスであることを表している。U2 から見た U4 の違いにおいて，A についての 0.4/0.4a は，0.4 対 0.8 で差はマイナス 0.4 だから，0.4A を 0.4a と書いている。

　ここで注意すべきことがある。この 0.5/0.8C という記号は直接には「属性値が 0.8C ならば 0.5 の差で」識別される（有意な違いがある）ことを意味しているが，同時に「0.8C以上 ならば少なくとも 0.5 の差で」識別されることも暗に意味している，と解釈できることである。なぜならグレードという数量だから，0.8 で成り立つなら，それ以上なら差はもっと広がることは明らかだ。これは幅を持つグレードについての言明—拡大された意味なのである。同様に 0.4/0.4a は「0.4A以下 ならば少なくとも 0.4 の差分で」識別されることを意味する。これらのことは，グレードつきのデータから極小条件を求め，推論に使う上での大きな特長である。極小条件が知識獲得のためならば，データにある事実だけについての知識だから「以上」とか「以下」はいう必要がないが，データにない未来の対象を推論するときに「以上」とか「以下」が強みとなる。また，1/0e は「E が 0E 以下すなわちグレードがちょうど 0 ならば 1 の差分で」を意味する。一般形で書くと，拡大された意味は

s/pA $\cdots$ 属性 A がグレード p 以上のとき少なくとも s のグレード差分を持つ
s/pa $\cdots$ 属性 A がグレード p 以下のとき少なくとも s のグレード差分を持つ

である。

　つぎにグレード識別行列を使って目的の極小条件を求める手計算に入るのだ

が，その方法は前出の直売所の例で識別行列から計算したのと手順は同じである。つまり U1, U2, U6 のそれぞれで，U3, U4, U5 の各列にある要素を or 結合したものを列を超えて横に and 結合し，それらを最後に or 結合するのである。ただ，or 結合や and 結合の計算で使う演算則が問題である。カテゴリーデータの場合の演算則をそのまま適用するわけにはいかない。カテゴリーデータの場合は前出のゴミ出しのときに説明したブール演算則が使われたが，それがグレードではどうなるかを考えなければならない。ゴミ出しのときの論理記号で書かれたブール演算則は

$$べき等律 \quad A + A = A$$
$$AA = A$$
$$吸収律 \quad A + AB = A$$

であった。そして**図表 2-5** 右のベン図で吸収律を説明した。カテゴリーデータの場合は U のいかんにかかわらず A は A であるから，上記の式が同じ U のなかでも異なる U の間でも成り立つが，グレードの場合は同じ U のなかでは同じ A（たとえば U1 なら 0.9A）だけれども，異なる U の間では違う A（たとえば U1 の 0.9A に対して U2 は 0.4A）であるから，演算則は別々に考えなければならない。

はじめに識別行列における同じ U のなかでの計算について述べる。

同じ U のなかでは同じ属性が異なるグレードを持つことはありえない（つまり U1 の行で U3 の C のグレードが 0.8 なら，U4 の C も 0.8）ので，グレードを省略して 0.5/0.8C を単に 0.5/C と書いても間違うことがない。以下，簡単のために，とくに断らない限りはしばらくこの省略記法を使うことにする。まず**図表 2-20** は**図表 2-21** のように書き直される。

あるグレードを持つ属性値 A が，s と t という 2 つの異なる差分を持つとき，グレードを省略する記法で

$$s/A + t/A = (s \vee t)/A \tag{2.1}$$
$$s/A \cdot t/A = (s \wedge t)/A \tag{2.2}$$

が，いわばべき等律の拡張版として成り立つ。ここで ∨ は大きい方を意味し，∧ は小さい方を意味する記号である。たとえば $s = 0.5$, $t = 0.6$ のとき，$s \vee t$ は 0.6 であり，$s \wedge t$ は 0.5 である。また · は × の省略形である。たとえば

$$0.5/C + 0.6/C = 0.6/C$$
$$0.5/C \cdot 0.6/C = 0.5/C$$

つぎにグレードが必ずしも等しくない 2 つの属性値 A および B が，それぞれ s と t という 2 つの異なる差分を持つとき

$$s/A \cdot t/B = (s \wedge t)/AB \qquad (2.3)$$

が成り立つ。AB は A · B の省略形である。式 (2.3) はたとえば

$$0.8/D \cdot 0.4/B = 0.4/DB$$

さらに $s \geq t$ のときに限って

$$s/A + t/AB = s/A \qquad (2.4)$$

が，吸収律の拡張版として成り立つ。$s \geq t$ は s が t より大きいか等しいことを示す。s が t より小さいときは成り立たない。式 (2.4) はたとえば

$$0.5/C + 0.4/CB = 0.5/C$$

である。$0.5/C + 0.6/CB$ だと統合できないでそのまま。

上記 4 式は属性値が大文字（グレード差分が正）で書かれているが，小文字（グレード差分が負）の場合も成り立つ。

$\alpha = 0.4 \quad Y = 1$

	U3	U4	U5
U1	—	—	0.6/A
	—	0.4/B	0.4/B
	0.5/C	0.6/C	—
	0.8/D	—	—
	—	—	1/e
U2	—	0.4/a	—
	—	—	—
	0.4/C	0.5/C	—
	—	0.4/d	0.4/d
	0.5/E	0.5/E	0.5/e
U6	—	—	0.5/A
	0.4/b	—	—
	0.5/C	0.6/C	—
	0.6/D	—	—
	1/E	1/E	—

図表 2-21 グレードを省略した場合（α は閾値）

証明は図の方が直観的にわかるから図で示すことにする。前に**図表 2-5** では集合論のベン図で示したが，こんどは幅のある数値だからベン図ではなく 2 次元の面積，3 次元の体積などで示すと便利である。**図表 2-22，2-23，2-24，2-25** にそれぞれ式 (2.1), (2.2), (2.3), (2.4) を示した。図中アミかけ部分が式の右辺すなわち統合された結果を示す。式 (2.4) の $s \geq t$ が逆だったら成り立たないことは**図表 2-25** の右図からわかるだろう。

つぎに識別行列における異なる U にまたがった計算について述べる。グレードの違うものどうしの演算だからグレードを省略しないで書く。$s/p\text{A}$ と $t/q\text{A}$ というグレードの異なる 2 つの要素があるとき

$s \geq t$ かつ $q \geq p$ のときに限って

$$s/p\text{A} + t/q\text{A} = s/p\text{A} \tag{2.5}$$

$s \geq t$ かつ $p \geq q$ のときに限って

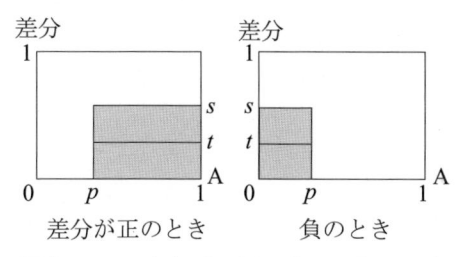

図表 2-22　式(2.1)の図示(p はグレード)

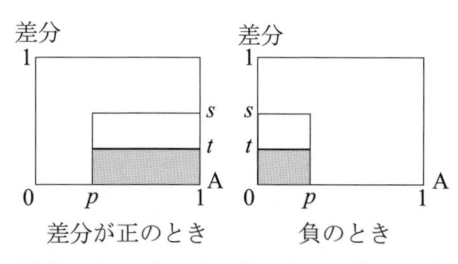

図表 2-23　式(2.2)の図示(p はグレード)

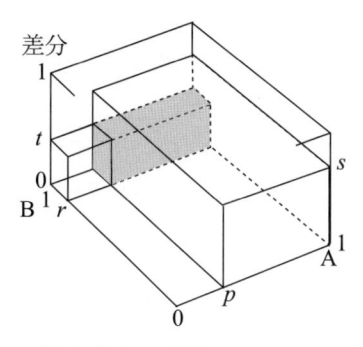

幅も高さも異なる 2 つの羊かんを直交させて交わった部分と見ればわかりやすい。図は差分が正のときだが，負のときも同様。

図表 2-24　式(2.3)の図示（p, r はそれぞれ A, B のグレード）

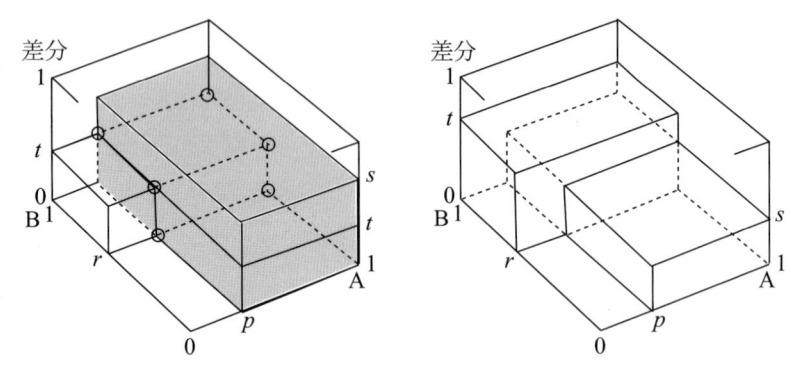

s/A が *t*/AB（○で囲んだ直方体）を完全に含んで統合。　統合できない。
t/AB は消えた。　　　　　　　　　　　　　　　　　　　　*s*/A と *t*/AB のまま。

図表 2-25　式(2.4)の図示（*p*, *r* はそれぞれ A, B のグレード）

$$s/p\,\mathrm{a} + t/q\,\mathrm{a} = s/p\,\mathrm{a} \tag{2.6}$$

と統合される。たとえば

$$0.8/0.4\mathrm{A} + 0.6/0.9\mathrm{A} = 0.8/0.4\mathrm{A}$$
$$0.5/0.5\mathrm{a} + 0.4/0.4\mathrm{a} = 0.5/0.5\mathrm{a}$$

である。また 0.8/0.4A + 0.4/0.4a というような，A と a を統合する演算はない。

式(2.5)と式(2.6)の図を**図表 2-26, 2-27** に示す。「…のときに限って」の前提が違っていると統合ができないことは図の右に示すとおりである。

異なる U にまたがって統合する演算則はグレードの大小いろいろな組み合わせにおける吸収律拡張版などがあり，また U の異同を問わず属性値数がもっと多い（図にしようとすると4次元，5次元となってしまう）場合もルールが書けるが煩雑だし，むしろ各 U の極小条件が求められてからでも上記の各図を応用するつもりで判断できるから，ここでは書かない。そもそも異なる U にまたがって統合するのは必ずしもいいとは限らない。出どころとしての U が消えてしまうので，実用上はかえって避けたいこともある。この点を考慮して，本書が後に紹介するソフトも異なる U にまたがって統合する演算はしてい

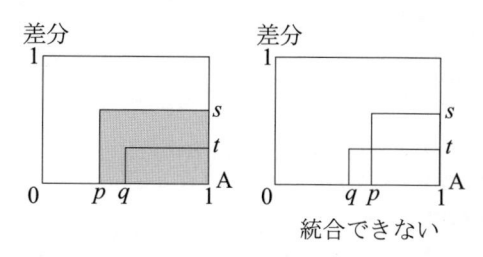

図表 2-26 式(2.5) の図示(p, q はグレード)

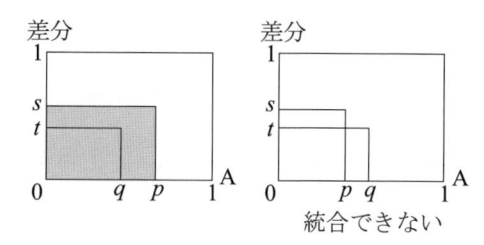

図表 2-27 式(2.6) の図示(p, q はグレード)

ない。

　以上の演算を行いながら**図表 2-20** を手計算してみよう。U1 について計算すると，省略形に戻って書いて

$$(0.5/C + 0.8/D)(0.4/B + 0.6/C)(0.6/A + 0.4/B + 1/e)$$

である。まず第 1 因数と第 2 因数のカッコを解くと，and 結合の式 (2.2) と式 (2.3) を使い，さらに吸収律の式 (2.4) を使うと

$$(0.5/C + 0.8/D)(0.4/B + 0.6/C) = 0.4/BC + 0.4/BD + 0.5/C + 0.6/CD$$
$$= 0.4/BD + 0.5/C + 0.6/CD$$

となる。2 行目で 0.4/BC が消えたのは，0.4/BC と 0.5/C が吸収律で 0.5/C となったからである。つぎにこれと第 3 因数を結ぶ。

$$(0.4/BD + 0.5/C + 0.6/CD)(0.6/A + 0.4/B + 1/e)$$

のカッコを解くのだが，カテゴリカルのときに**図表 2-9** でやったように，見や

```
        U1
        0.4/ABD ┐
        0.5/AC*  │
        0.6/ACD* │─┐
        0.4/BBD ─ 0.4/BD ┘ 0.4/BD ┐
        0.4/BC*          ┌        │
        0.4/BCD ─────────┤ 0.4/BD ┤
        0.4/BDe ─────────┘        ├ 0.4/BD*
        0.5/Ce*                   │
        0.6/CDe*                  ┘
```

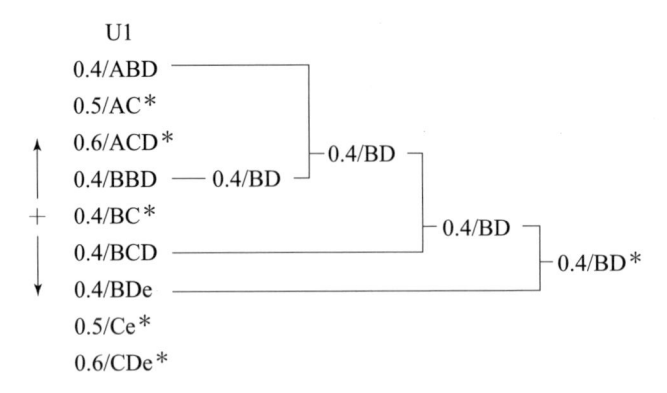

図表 2-28 直売所のグレード識別行列からの U1 極小条件（＊印の 6 個）

すくするために縦に書いた上で，式(2.3)や吸収律の式(2.4)を使って整理すると**図表 2-28** が得られ，極小条件が抽出された。

図表 2-28 の極小条件は省略形で書かれているから，正しい書き方に戻して書くと次の 6 個となり，これらが U1 から得られた極小条件である。仮に番号を付ける。

　　① $0.5/0.9A \cdot 0.8C$　② $0.6/0.9A \cdot 0.8C \cdot 0.9D$　③ $0.4/0.8B \cdot 0.8C$
　　④ $0.4/0.8B \cdot 0.9D$　⑤ $0.5/0.8C \cdot 0e$　　　⑥ $0.6/0.8C \cdot 0.9D \cdot 0e$

U2，U6 についてもまったく同じやり方で極小条件を抽出できるので，結果だけ次に示す。

U2 より

　　⑦ $0.5/0.5E \cdot 0.5e$　⑧ $0.4/0.7C \cdot 0.4d$　⑨ $0.4/0.7C \cdot 0.5e$
　　⑩ $0.4/0.5E \cdot 0.4d$

U6 より

　　⑪ $0.5/0.8A \cdot 0.8C$　⑫ $0.5/0.8A \cdot 1E$

これらをカテゴリカルの場合の極小条件出どころ一覧にならって**図表 2-29** に表にしておく。ただし Y = 1 のみ示す。

これらを言葉で表せば，知識表現としての ① は

「0.9A（以上）かつ 0.8C（以上）でさえあれば（他の属性値はどうあれ），少なくともグレードの差分 0.5 で Y = 1 の U1 が Y = 2（U3, U4, U5）から識別される」

である。「以上」をカッコにしたのは，不要な言葉ではあるが，入れても間違いではないので，仮にカッコにしている。入れても間違いではないのは，本来の表現である「0.9A」は代わりにいう「0.9A 以上」に含まれるからである。入れて表現すれば推論とそろうわけだ。推論としての ① はもちろん

「未来の U が 0.9A 以上かつ 0.8C 以上でさえあれば（他の属性値はどうあれ），少なくともグレードの差分 0.5 で Y = 1 に属するであろう。Y = 2 に属することはないと思われる」

である。いうまでもないと思うが，「0.9A 以上」というのは「A のグレードが 0.9 以上」の意味である。「少なくともグレードの差分 0.5 で」は，取り上げているどの属性値も最低で 0.5 のグレード差を識別の相手に対して持っていることを保証するという意味だから，一種の信頼の度合いを示していると見ることができるので，「信頼度 0.5 で」といってもよい。

⑦ にある 0.5E・0.5e は，E が「0.5 以上かつ 0.5 以下」すなわち「ちょうど 0.5」を意味するから，⑦ は

α=0.4　Y=1	U1	U2	U6
① 0.5/0.9A・0.8C	*		
② 0.6/0.9A・0.8C・0.9D	*		
③ 0.4/0.8B・0.8C	*		
④ 0.4/0.8B・0.9D	*		
⑤ 0.5/0.8C・0e	*		
⑥ 0.6/0.8C・0.9D・0e	*		
⑦ 0.5/0.5E・0.5e		*	
⑧ 0.4/0.7C・0.4d		*	
⑨ 0.4/0.7C・0.5e		*	
⑩ 0.4/0.5E・0.4d		*	
⑪ 0.5/0.8A・0.8C			*
⑫ 0.5/0.8A・1E			*

図表 2-29　直売所のグレード極小条件の出どころ一覧(Y=1)

「ちょうど 0.5E でさえあれば，信頼度 0.5 で U2 が Y = 2 から識別さ

である。これは知識でも推論でも同じ。

　実用に使う立場からいってもこの表で十分であるが，数を減らすために，ここでいくつかを統合によって整理することを考えてみる。

　U をまたがった演算の式 (2.5) を ① と ⑪ に適用できるので ① が消え，⑪ が U1 と U6 の両方を出どころとするものとみなすことができる。カテゴリカルのときの極小条件で説明した C.I. が増えたことに相当する。

$\alpha=0.4$　Y=1	U1	U2	U6
⑪ 0.5/0.8A・0.8C	＊		＊
⑨ 0.4/0.7C・0.5e	＊	＊	
③ 0.4/0.8B・0.8C	＊		
④ 0.4/0.8B・0.9D	＊		
⑦ 0.5/0.5E・0.5e		＊	
⑧ 0.4/0.7C・0.4d		＊	
⑩ 0.4/0.5E・0.4d		＊	
⑫ 0.5/0.8A・1E			＊

図表 2-30　直売所のグレード極小条件の整理後の出どころ一覧（Y=1）

　さらに，もし信頼度を下げてもいいから統合できるものは統合して極小条件の数を減らそうというのなら，次の統合が可能である。信頼度を緩めた統合である。

　② の信頼度 0.6 を 0.5 とみなせば吸収律で ① に統合されて ② は消える。
　⑥ の信頼度 0.6 を 0.5 とみなせば吸収律で ⑤ に統合されて ⑥ は消える。
　⑤ の信頼度 0.5 を 0.4 とみなせば，前述の公式にはないが式 (2.4) の図の 3 次元化を考えてみれば ⑨ に統合されて ⑤ は消えることがわかる。

　こうして整理した結果を再度出どころ一覧として示すと，図表 2-29 は図表 2-30 に変わる。

　話を戻して，知識表現としての ① を記号を使わず元の言葉でいえば

> 「品揃えで素材の割合が 0.9（以上）であり，かつ客への情報サービスで従業員による情報の割合が 0.8（以上）でさえあれば，他の状況はどうあれ，信頼度 0.5 で好調な店 U1 が不調なすべての店から識別される。言い換えれば信頼度 0.5 でいえる好調な店 U1 の特徴である」

となる。これはグレードの計算の説明に入る前に「要するに…」の判断がどんな形になるかを前もって示したのと同じ確実な知識である。そしてこの知識を使った未来への推論は，これも前もって示したのと同じなので繰り返さない。

さらに，これをもっとわかりやすくするためには数値を使わない方がいい。その方が日常的な表現になる。そのためにはグレードを次のように言い換えればよい。(割合などの)「多い・少ない」や「魅力」を属性の例とすると

0.9 以上	→	極めて，徹底して（多い，魅力的）
0.8 以上	→	非常に，とても（多い，魅力的）
0.7 以上	→	かなり（多い，魅力的）
0.6 以上	→	やや，どちらかといえば（多い，魅力的）
0.5	→	（多いか少ないか，魅力的かどうか）中くらいだ，どちらともいえない
0.4 以下	→	やや，どちらかといえば（少ない，魅力がない）
0.3 以下	→	かなり（少ない，魅力がない）
0.2 以下	→	非常に（少ない），ほとんど（魅力がない）
0.1 以下	→	極めて（少ない），全然（魅力がない）

信頼度については

0.3〜0.4	→	ほぼ確かに，多分間違いなく
0.5 以上	→	確かに，間違いなく

と置き換えることによって，知識表現としての①は

「品揃えでは素材の割合が 徹底して 多く，かつ客への情報サービスでは従業員による情報の割合が とても 多くさえあれば，他の状況はどうあれ，間違いなく 好調な店 U1 が不調なすべての店から識別される。言い換えれば好調な店 U1 の特徴である」

である。未来への推論は何度も形を示したから省略していいだろう。

この信頼度表現は，全体の幅が0～1のグレード差からいってその1/3ぐらいの差ならばどんな場合でも識別できるだろうという，漠然とはしているが妥当なところと思われる。

　以上，データがカテゴリカルの場合とグレードの場合について，手計算で極小条件を求める手法を例題を用いて説明した。現実に遭遇する問題はいうまでもなくもっと複雑で大きなデータである場合がほとんどである。極小条件を直観でいい当てるのはもちろんのこと，手計算でも文字どおりお手上げだ。巻末に紹介するソフトを使ってパソコンで計算しなければならない。

　ここで，その計算はラフ集合論という論理数学の一分野において最初にアルゴリズム開発が始まったものであることに注意したい。これに伴い，一般には，この計算はラフ集合論の計算として知られるようになった。このことから，極小条件の計算を実際問題に応用していく場合，読者はラフ集合論とのつながりを知っておくほうが望ましいと考え，本書に関連する箇所に絞って以下にラフ集合論を概説する。理論の展開でなく概念の説明をしたいので数式は使わず，言葉で概念の定義を主として述べ，本書の立場との比較をして理解を深めていきたい。しかし，こういう方面にあまり興味がない方は以下の概説は飛ばしていただいてもちろん差し支えない。

2.6　ラフ集合論とは

　論理数学という数学の一分野があるが，ラフ集合論はそれに属するもので，1982年ポーランドのパブラック（Z. Pawlak）によって提唱された，2つの集合の近似に関するものである[4]。図表2-31の左のような，いろいろな属性の集まりからいくつかを拾い出したときに，それらを同時に持つ対象が，同図右のような，ある名義で分類されてできた対象の集まりと比べてどれだけ近似しているかを両者の包含関係で調べる，というのがラフ集合論である。

　欧米で理論の研究と医療診断システムへの応用が進められてきたが，日本で

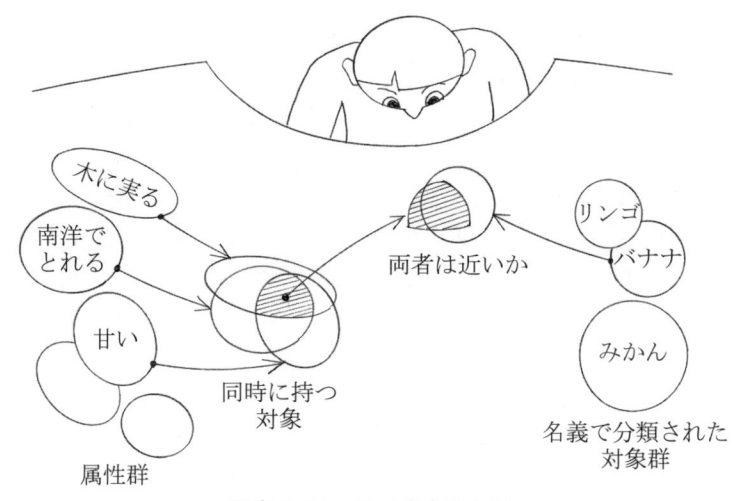

図表 2-31　ラフ集合論とは

は 1994 年に一般誌 [5] に紹介されて以来，データマイニングなどいろいろな分野への応用が試みられてきた。そのなかで新商品計画の場合のように，データの背後にありうべき未知の新しい対象があると想定し，データの対象はサンプルとみなして背後の新しい対象を推論する方法としての応用が始まった [6]。ラフ集合論で扱うデータは 2 種類あり，まずそれらを例示する。図表 2-32 の左に示したのは直売所のデータ（図表 2-7）を記号だけにして書き直したものである。その Y を F と書き変えたものが右図である。本書でデータといってきたものはラフ集合論では**決定表**というから，左図は決定表である。前に述べたゴミ出しの**図表 2-4** や直売所の**図表 2-7** は決定表である。決定表で分類に使われた属性（すなわち Y）を**決定属性**といい，他の属性を**条件属性**という。決定属性でくくられる各々の集合（すなわち Y = 1，Y = 2，…）を**クラス**という。他の属性を条件属性というわけは，それが条件となって決定属性が決定される，といえるからである。**同値**という言葉があり，属性値が同じという意味である。条件属性のなかで属性値が組として同値であるような対象の集合をその属性値の組の**同値類**という。グレードつき決定表においては，同値とはグレ

対象 U	属性					Y
	A	B	C	D	E	
U1	A1	B1	C1	D1	E2	1
U2	A2	B1	C1	D2	E1	1
U3	A1	B1	C2	D2	E2	2
U4	A1	B2	C2	D1	E2	2
U5	A2	B2	C1	D1	E1	2
U6	A1	B2	C1	D1	E1	1

対象 U	属性					
	A	B	C	D	E	F
U1	A1	B1	C1	D1	E2	F1
U2	A2	B1	C1	D2	E1	F1
U3	A1	B1	C2	D2	E2	F2
U4	A1	B2	C2	D1	E2	F2
U5	A2	B2	C1	D1	E1	F2
U6	A1	B2	C1	D1	E1	F1

図表 2-32 決定表(左図)と情報表(右図)

ードがまったく同じというのではなくて，違っても閾値以内にあることを意味する．閾値以内なら同じとみなすわけだ．したがってグレードつきの同値類とは，グレードが組として閾値以内にあるような対象の集合である．

　決定表では決定属性で分類が示されるが，決定属性を条件属性と区別しないで一緒にした場合を**情報表**といっている．右図は情報表である．情報表からは，どの属性を分類先としても決定表に作り替えることができる．情報表は決定表の元になるものといえる．

　ラフ集合論の出発点となる概念は分類と近似である．いくつかの対象をある1つの属性で分類すると，いくつかの集合ができる．図 2-31 でいえば名義で分類された対象群がそれである．つぎに分類に使った属性以外の属性値の組を共通して持つような対象を全体から選び出して集合を作る．図 2-31 でいえば属性群を同時に持つ対象群がそれである．このときの両者の集合がどのくらい近似するかを論ずるのがラフ集合論である．どのくらい近似するかは，分類でできた集合（すなわちクラス）と，共通の属性値の組で作られる集合（すなわち同値類）の包含関係によって調べる．

　これは現実の概念でいうと，同じ種類の対象が多数あって，名義（現実でもクラスといったほうがふさわしい場合もある）で分類されており，一方ですべての対象はいくつかの属性について属性値が調べられているとき，ある名義

は属性値の組でどの程度うまく（過不足なく）説明できるか，という問題といえる。

例を用いて説明する。**図表 2-32** の決定表の Y＝1 は分類された 1 つのクラスである。また，この表は直売所の**図表 2-7** と同じものの再出だから，求めた極小条件は**図表 2-10** に示されているように B1D1 や A1C1 などがある。したがって，たとえば A1C1 の同値類を考えると，**図表 2-33** のように Y＝1 のクラスとの包含関係をベン図に描ける。前に**図表 2-12** でも描いた。

ここで A1C1 の同値類は**図表 2-10** の C.I. で見たように 2/3 という精度でY＝1 の集合に近似している（2/3 では常識的には近似しているといいにくいが）といえる。言い換えれば Y＝1 という好調な店のクラスを A1C1 という属性値の組によって 2/3 の程度で説明できるといっているのである。もしこれに E2 を加えた A1C1E2 を考えると，確かに Y＝1 ではあるが，同値類が狭まって近似は 2/3 より悪くなり，説明として良くない。逆に A1C1 から C1 を削って A1 を考えても，同様に近似が悪くなることは図からわかるだろう。同じ悪くても，A1C1E2 の同値類は間違いなく Y＝1 のクラスに含まれているものの小さすぎて近似が悪いという意味の悪さだが，A1 の同値類は Y＝1 のクラスをはみ出しているという意味での悪さであって，互いに性質が異なる。A1 の同値類が Y＝1 のクラスをはみ出しているということは，Y＝1 ではない対象を含んでいるということであるから，Y＝1 の可能性があるというにすぎな

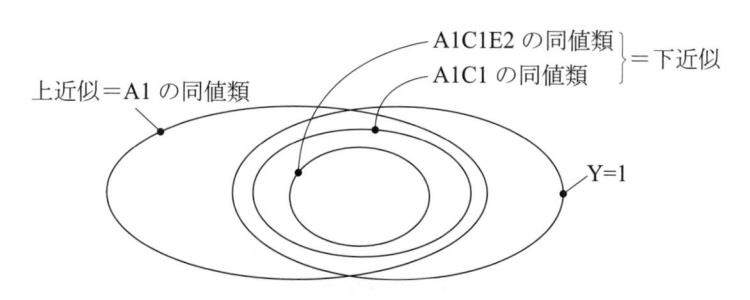

図表 2-33　下近似，上近似と分類 Y の包含関係

い。ラフ集合論では前者のようにあるクラスに確実に含まれる同値類を**下近似**といい，はみ出した部分があって含まれる可能性があるにすぎない同値類を**上近似**といって区別する。そして両者を合わせて**ラフ集合**という。ここでのラフという言葉は近似の意味である。

いままで本書はいくつかの例題で極小条件を求めてきたが，極小条件とは上記の言葉を使えば下近似を作る属性値の組である。極小条件という属性値の組を，上近似でなく，もっぱら下近似として作るのは，本書の目的からいってその確実さゆえである。目的のクラス全体をカバーすることにはならないが「いっていることに間違いはない」からである。しかし実用において，ときには上近似を使うこともある。それは可能性だけでいいから最も簡単に「要するに…」をいいたい場合で，「A1 なら 概ね$Y = 1$ になりそうだ」などという。

実用においては極小条件の C.I. は，目的のクラスをどれだけカバーしているかを表している。そこには近似という概念はない。一方，ラフ集合論では，下近似の C.I. は近似の程度を表すものである。理論上の意味は同じ C.I. でも，見る立場がラフ集合論と本書のような実用とでは異なるのである。

ラフ集合論では決定表における各行の（各対象の）条件属性の属性値の組から決定属性の属性値すなわちクラスへの関係を**決定ルール**という。決定ルールは属性値の and 結合（and 結合した言葉を連言という）を用い，If-Then ルールすなわち「もし…ならば…」の形で表される。**図表 2-7** の第 1 行からは

「もし属性 A，B，C，D，E がそれぞれ属性値 A1，B1，C1，D1，E2 ならば，$Y = 1$ である」

という決定ルールが読める。下近似において構成する属性値の組から不必要な属性値を除外して必要十分な属性値に絞ったときの決定ルール，すなわち条件属性数が必要十分となった決定ルールを**極小決定ルール**という。そして，そのルールの条件部「もし…」の部分を**極小決定ルール条件部**という。極小決定ルールは通常 1 つとは限らず，複数ある。

これでわかるように，本書で極小条件といってきたのはルールの形はとっていないがラフ集合論でいうところの極小決定ルール条件部を縮めたいい方にほかならない。図表 2-7 の Y = 1 の極小条件の 1 つに A1C1 があるが，これをルールの形でいうと

「もし属性 A が A1 で C が C1 ならば，Y = 1 である」

となる。

ラフ集合論には属性の縮約という概念がある。属性の縮約とは，決定表においてすべてのクラスが互いに識別されるために必要かつ十分な属性（属性値ではない）の組をいう場合もあるし，ある 1 つのクラスが他のクラスから識別されるために必要かつ十分な属性の組をいう場合もある。さらに，その後者の属性の組を属性値の組の意味で使う，いわば属性値に関する極小条件の意味で使うこともある。決定表において，すべての属性値が同じであるような 2 つの対象があったとき，**矛盾**があるというが，決定表に矛盾がない限り，全属性から属性を減らしていってもクラスの互いの識別が保たれているぎりぎりの属性の組が属性の縮約である，ともいえる。

決定表から属性の縮約を求める方法も，前述の極小条件を求める方法と同じように手計算で求めるための手順を詳しく説明することができるけれども，本書では応用に使わないから手計算を体験する必要もないと考えて省くことにし，言葉で簡単に述べるにとどめる。まず決定表においてクラスの異なる対象どうしのすべての対を挙げておく。1 つの対について，属性値が違っている属性はどれかを特定し，それらを or 結合する。or 結合したものをすべての対にわたって and 結合する。or 結合は + で，and 結合は × で書いて式を立ててブール演算すれば，べき等律や吸収律で整理されて残ったものが属性の縮約である。実際に図表 2-31 の決定表から属性の縮約を算出すると

ABC　　ACD　　ABDE

の3個が得られることがわかる。この最初のABCを言葉で表すと

> 「各々の対象がどのクラスに属するかを識別するためには，AとBとCの3つの属性だけ調べればわかる。他の属性は調べなくてよい」

である。ACD，ABDEも同様である。ここで3個得られたように，属性の縮約も本書でいう属性値の極小条件と同様，複数存在するのが普通である。またすべての属性の縮約に共通して現れる属性があるとき，その属性を**コア**と呼ぶ。上記の場合はAがコアである。コアは識別にとって重要な役をなす属性ということができる。コアは極小条件についても定義できる。すなわちルール計算で得られた複数の極小条件に共通して現れる属性値があるとき，その属性値をコアという。

　決定表でなく，図表2-32の右図のような情報表の場合も属性の縮約がある。クラスに代わって個々の対象がクラスであるとみなして計算する。すべての対象が互いに識別されるために必要かつ十分な属性の組が求められる。

　本書では応用において属性の縮約は使わない。なぜなら本書の目的からいって，どの属性を調べればいいか，を知るだけではすまない。調べて，それがどんな属性値の場合に目的とする分類に当てはまるか，がわからないと意味がないからである。そのために本書でいう極小条件を求めることが必要なのである。

　以上の概説でわかるように，本書で述べてきたデータから極小条件までの過程は，実用の見地と集合の見地という違いはあるが，論理はラフ集合論と同じものである。つまりラフ集合論の一部を実行することなのである。

　ラフ集合論の概説はこれくらいにして次の話題—人の思考・判断の問題に移る。

3. 人が行う「不確かな」思考判断

　この章を始める前に，この章以降で使う言葉について述べる。前章に概説したように，データから極小条件の計算までの過程は，ラフ集合論の一部を実行することにほかならない。ゆえに既刊の書物や多くの論文では，実際の場への応用を目的として書かれたものでもラフ集合論の応用とかラフ集合の分析というようないい方をしている。このことを考慮して，本書においてもデータから極小条件を算出することを中心とし，必要に応じて C.I. によって極小条件の良さを調べたり（上記概論でいう下近似），極小条件から一部の属性値を外した場合の対象の広がりを調べたり（上記概論でいう上近似）する作業全般を

　　　　　　　ラフ集合論（あるいはラフ集合）の実行

といういい方も便宜的に使うことにする。ラフ集合論と計算の過程で共通するものがあるけれども言葉の趣旨は違うから，こういういい方は必ずしも正しくない。いわば一種の記号としてラフ集合という言葉を使っていると理解していただきたい。

　前章までに，ゴミ出しを例として，人は誰でも比較的簡単な情報の場合は「要するにこう知っておけばいい」と知識をまとめられるし，直売所の例では，やや込み入った情報でも経験ある経営者なら直観と洞察力で「要するにこういうことだ」という経営判断ができると述べた。そしてその判断は「何々ならば必ず…だ」という思考を次々と行っていくとともに，無意識ながらべき等律や吸収律に相当する論理を使って次々と整理していくものだということも述べた。そして極小条件を計算で求めるのはそのような判断を人の能力を超えて行うものだということも述べてきた。

これらにおいて「何々ならば必ず…だ」という判断は，図表 2-5 に例として「A1 ならば Y = 1 だ」のベン図が示すように集合関係で表したとき，「何々」の集合が「…」の集合に含まれる場合に限られる。この判断を論理学で**演繹**といい，人の思考の基盤をなすものである。よく三段論法という言葉が使われるが，演繹と同じことである。べき等律や吸収律という論理を使って整理していくのは，いわば情報の簡約化といえる。うまくしたもので，次々と簡約化していかなければ頭のなかが雑多で複雑な情報で混乱してしまう。

　人は思考の過程で簡約による効率化をしながら，演繹という確実な思考をすることを述べてきた。しかし人の思考は演繹だけではないことにすぐ気が付く。不確かな思考もしなければ日常暮らしていけない。たとえば駅へ行きたいが途中で道がわからなくなった。「たまたま市役所が立てた，駅へ行く道の標識があった。市役所が立てる標識は正しいことがわかっている。だから駅へ行くこの標識は正しい」と考えるのは演繹であり，確かに駅へ行ける（図表 3-1 左）。しかし「きのう見たダークスーツを着てカバンを持った人は駅へ行った。

図表 3-1　駅へ行くには？

おとといもダークスーツでカバンを持つ人は駅へ行った。ダークスーツでカバンを持つ人はみんな駅へ行くのではないか。だから今日もダークスーツでカバンを持つ人について行けば駅へ行けるだろう」と考えるのは不確かではあるが，そう考えて実行しなければならないこともある（**同図中央**）。また，誰もいなくて「駅は東のほうにあるはずだ。この道は磁石によると東を向いている。だからこの道は駅へ行く道ではないか」と不確かながら判断して実行することもあろう（**同図右**）。不確かでも実行に移すのである。不確かだからといって道でいつまでも立っていたら日が暮れる。

人は日常暮らしていく上で，どんどんこういった不確かな思考もして物事を決めている。不確かでも，とっさに決断しないと間に合わない。そうでないと行動は行き詰まり，生き残れなくなったりする。不確かな思考とはどういう過程なのか，歴史的にはどのように扱われてきたかを以下に述べる。

R. デカルト（1596–1650）は主著［方法序説］のなかで，思考の方法とは物事を直接に認識するための直観と，それを結合するための演繹であり，この2つに尽きると述べた。その後，啓蒙思想の普及や自然科学の進展に影響されて哲学では X. コント（1798–1857）らの実証主義が起こり，19世紀の主流をなすに至った。それは自然科学で得られるものが知識のすべてであるとし，それは演繹とともに帰納によって得られるとした。**帰納**とは，いくつかの事例を基にして一般的な法則を立てる手続きをいう。前述の「ダークスーツでカバンを持つ人はみんな駅へ…」は，実は帰納を用いた推測であった。法則が立った後は，そこから次の新しい知識が演繹されていく。

しかし，それで十分ではなかった。自然科学の探求にはもう1つ，**仮説設定**という，直観や発想の意味を手続きとして表す思考過程があることを C. S. パース（1839–1914）が示した。前述の「この道は駅へ行く道ではないか」は，実は仮説設定なのである。東を向いている道が駅へ行く道とは限らないからである。

ここで初めて，人の思考が仮説設定，演繹，帰納という3つの思考過程に統一された。以下ではベン図を使ってきちんとこれら三者の違いを明らかにしよう。

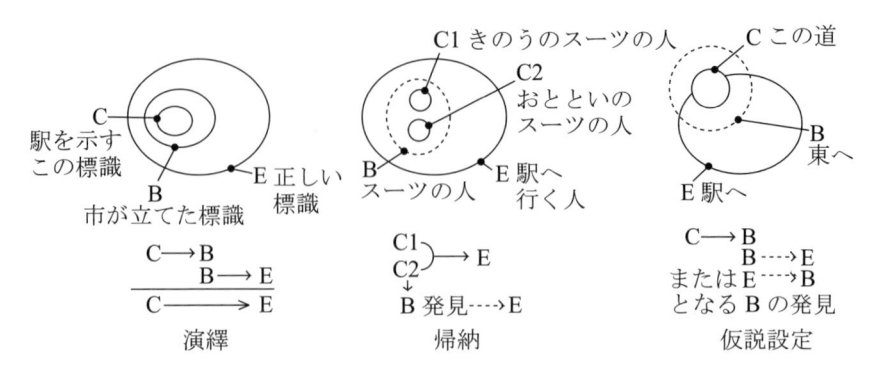

図表 3-2　駅へ行くための判断のベン図

図表 3-2 左は図表 3-1 左に対応する演繹判断のベン図である。「市が立てた標識は必ず正しい」というルールを自分は知っているので，それを使って

　　　　C ならば B，B ならば E → したがって C ならば E

という確実な判断である。

図表 3-2 中央は図表 3-1 中央に対応する帰納判断のベン図である。いくつかの事例から類推して

　　　　C1 ならば E，C2 ならば E，… → B ならば E となる B 発見

とする不確実な判断である。ここで事例がたくさんあって B に確信を持てるようになると判断は確実化に向かうわけだが，一段飛躍して（何かの理由で）B が間違いないことに気づけば判断は確実になる。

　余談になるが，物理現象の場合には帰納判断で物理法則が発見されるのがほとんどであって，ここにいう B の発見がいかに飛躍的かつ普遍的かによって研究の進展が決まる。典型的な例はニュートンの万有引力の発見で，上記の C1 や C2 に相当するいくつかの天体の運動から，すべての物質に引力が働くというルール B を立て，地上のものの落下を含め，万物の運動を説明した。これは帰納判断でルールが作られ，いったんルールが作られるとあとはその応用とい

う形で演繹が使われる。つまり「このペン（C）は物質（B）である，物質（B）ならば万有引力で地球に引かれる（E），したがってこのペン（C）は地球に引かれる（E）はずだ」と演繹される。ルールが普遍的であるほど，応用としての演繹が広く適用できるわけだ。

　本題に戻る。**図表 3-2 右**は**図表 3-1 右**に対応する仮説設定のベン図である。CをEに結び付けるための概念Bを探して

CならばBであり，BならばEまたはEならばBとなるB発見
→CならばE

とする不確実な判断である。ここで「東へ行く道」を磁石で探すのを思いつくところがキーとなる。そして「東へ行く道はすべて駅へ行くのではないか」あるいは逆に「駅へ行く道はすべて東へ向いているのではないか」が仮説なのであり，東へ行く道と駅へ行く道がどれほど一致しているかが判断の確かさを決める。また，帰納判断でのルールは仮説設定から始まることもある。

　以上，日常の出来事を例として3つの思考過程を説明してきたが，ここからはこの3つの思考過程を下敷きにしながら，不確かだけれどもわれわれにとって大切な思考・判断が，極小条件の応用の形で捉えられることを説明しよう。

　例題はデータが**図表 2-7** に示されている直売所に戻る。前記のように帰納判断が先にあってルールが発見され，いったんルールができると演繹ができるのだが，ルールの発見というのはわれわれの場合はほかでもない，極小条件の抽出がこれにあたる。直売所の経営者がデータを眺めて「要するに…」と直観で導き出したにしろ，計算で算出したにしろ，いったん**図表 2-10** の極小条件が発見されれば，あとは各店舗の評価がわからなくても演繹で

A1C1を持つものは好調である，店U1はA1C1を持つ，…
→ゆえに店U1は好調である

などとわかる。データにある対象など，データの範囲内のことで判断する場合

は極小条件そのもので確実な判断ができる。

しかし直売所の経営者は，まえに書いた言葉を見てほしいのだが

「これらを経営の見地から考えると…さえすれば好調を保つだろう。新しく店舗を出すときはこれで行こう」

といった。データの範囲外の，新しい店舗のことをいっている。これはデータを事例とみなし，現実には存在しない対象のことを考えて事例からの帰納をしたのである。データがこうだったから，これからの未知のものについても一般論として同じことがいえるだろう，と推論したのである。図表3-3に図で示す。

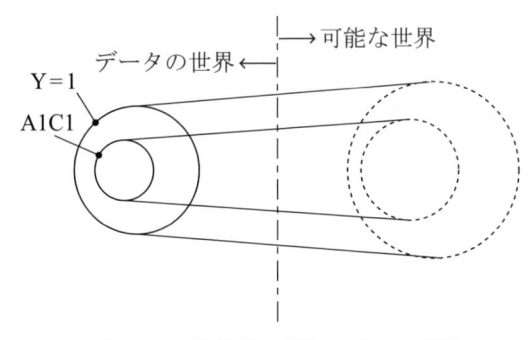

図表3-3 直売所の新しい店への推論

帰納による推論と同様，次の仮説設定も未来への推論に使われる。新製品開発のための発想思考が代表的なものである。他の思考形式と違って，とくに決まった枠組みというものはなく，何か媒介物を思いついてそれによって結論を導き出そうとするのである。前に述べた駅へ行く道探しでは「磁石で方角を見つける」が媒介物であった。次の章では極小条件のバリエーションがそのような媒介物となりうることを示そう。以下，新製品開発をはじめ，新しいデザイン，新しい物や事の計画や創作など，既存のものにはない対象を新たに作ること，および作られた対象を

「新設計」

と総称することにする。

4. 帰納・仮説設定のための工夫と連鎖の発見

極小条件のバリエーションの1つは，確かさを高めるための工夫で，極小条件の**併合**という操作を行うことである。一部のラフ集合の本でも，極小ルール条件部の併合といって，推論において結論を導く可能性を高める手法として提案している。

2つの極小条件についてそれぞれを構成している属性値の和集合を作る。例を示した方が早いので直売所の**図表 2-10** の極小条件群についていうと

$$A1C1 \ と \ B1C1 \ から \quad \rightarrow \quad A1B1C1$$
$$A1C1 \ と \ C1D2 \ から \quad \rightarrow \quad A1C1D2$$
$$A1C1 \ と \ D2E1 \ から \quad \rightarrow \quad A1C1D2E1$$

などを作って極小条件の代わりに使うのである。グラフ表現で書けば**図表 4-1** のように書ける。

何と何を併合するかは自由であるが，A1C1 と A2B1 のような併合はありえないことに注意する。なぜなら A という属性が A1 と A2 という属性値を同時に持つことはないからである。併合に使う極小条件の選択の要領としては，上記の極小条件の選択基準と同様に

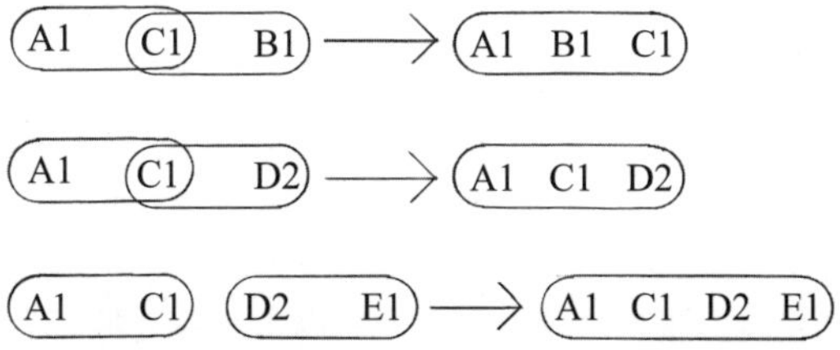

図表 4-1　極小条件の併合のグラフ表現

1. 併合によってカバーする C.I. が大きい（カバーする対象が多い）こと
2. 併合してもなるべく短いこと

といえる。上記1番目のA1B1C1によっても，また2番目のA1C1D2によっても，Y = 1の3対象U1，U2，U6をすべてカバーできている。つまりカバーする対象は，元のそれぞれの極小条件の出どころとなっている対象の和集合なのである。

グレードの場合も併合が考えられる。たとえば**図表 2-30** のグレード極小条件群についていうと

$$0.5/0.8A \cdot 0.8C \ と \ 0.4/0.7C \cdot 0.5e \ から \rightarrow 0.4/0.8A \cdot 0.8C \cdot 0.5e$$

など。併合は両者を「かつ」で結ぶのだから，信頼度は低い方すなわち0.4，グレードは「以上以下」で見たときの範囲の狭い方すなわち0.8Cと0.7Cならば0.8Cとなる。0.8C以上かつ0.7C以上であるためには0.8C以上でなければならないからである。この併合によってY = 1の3対象U1，U2，U6をすべてカバーできている。

併合は何に役立つか。それは実際の応用の場面で，新設計が目的の評価を達成する可能性が高まると予想されるからである。理由を述べよう。上記2番目のA1C1とC1D2について，**図表 2-10** を見るとA1C1はU1とU6が持つ特徴で，C1D2はU2が持つ特徴であり，C1という共通な部分もあるけれども，A1とD2という互いに異なる属性値に基づいて別々の特徴を持つものとみなせる。そして，どちらもそれぞれの持つ特徴が理由となってY = 1という評価を得たのである。併合するということはこの両方の特徴を兼ね備えて新設計するというのだから，それは既存のどの対象にもないような，二重の意味での確かさを持ってY = 1になるだろうと推測できるのである。記号を元の言葉に戻せば

「新しい店舗は，素材にこだわった品揃えをし，客への情報は従業員がサービスし，郊外に立地すれば，（現有の店にはない形になるが）好調

な店となるだろう」

こうして目的を達成する可能性が高まる。

しかしリスクもあるし欠点もある。リスクについていえば，併合した結果として生まれた新しい属性値の組み合わせが，たまたま何らかの理由があって逆効果をもたらすことがありうるからである。少なくとも理屈のうえではその可能性を否定できない。

実際の例を使ってその様子を見てみよう。クルマの例である[7]。2002年と少し古い例であるが，当時の国内外のクルマ 52 車種の顔の部分の写真をある学生に見せて評価させ，集計し，ある程度以上の評価を得たクルマを $Y=1$，その他を $Y=2$ として分類した。一方，クルマの顔の部分を 10 個の属性と各 2〜3 個のカテゴリーに分解して 52 車種をこれにあてはめる。こうしてできたデータにラフ集合論を実行し，得られた多数の極小条件のうち上記の選択基準に従って 4 つの併合案を作り，それぞれの属性値組み合わせを取り入れながら新たにクルマの顔の最良と思われるデザインを 1 案ずつ合計 4 案を CG で新設計して，同じ学生にもう一度見せて評価させた。その結果は，2 案は併合前の元となる極小条件を含むクルマよりもさらに良くなったと評価されたが，1 案はどちらともいえない，そして他の 1 案はむしろ悪くなったとの評価であった。**図表 4-2** に示す。

併合を使っても評価が良くならなかった理由を考えてみる。併合は評価に寄与する 2 つの特徴を合わせたものだから当然評価が高まるだろうと期待するものであるが，新しくできた属性値組み合わせのうち，どこかの部分がたまたま評価を下げるような効果を生んだために，全体として逆効果になったのではないかと想像される。好き嫌いのような人の感性にかかわる評価は，個々の属性値が評価に与える効果の足し算ではなく，相乗効果や相殺効果が複雑に組み合わさった非線形関係にあるといわれている。ここでも，そのことが原因だと思われる。したがって実際への応用にあたっては併合後の属性値を慎重に吟味して改悪にならないことを確かめてからでないといけない。

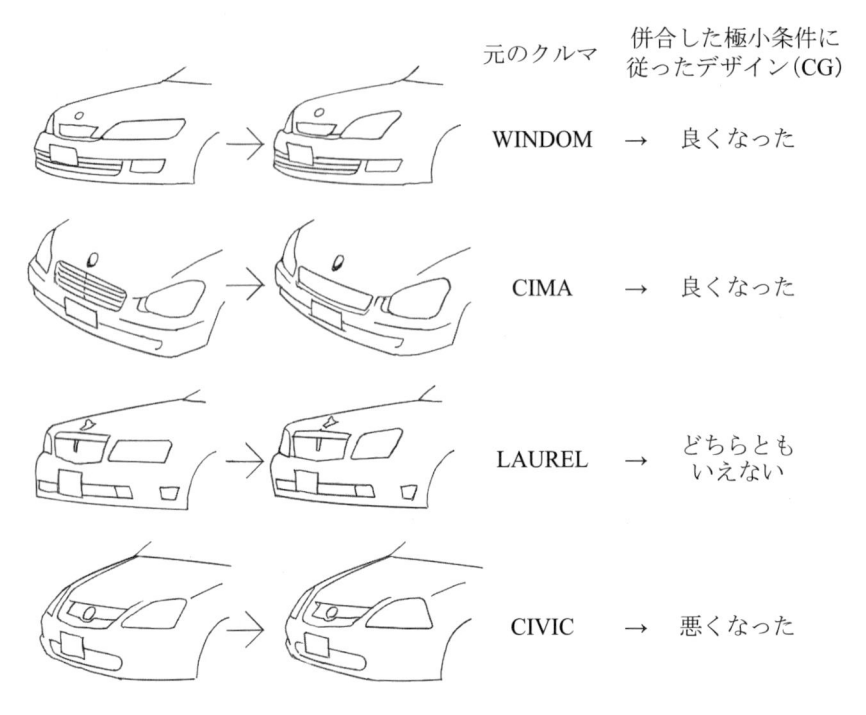

元のクルマ		併合した極小条件に従ったデザイン(CG)
	WINDOM →	良くなった
	CIMA →	良くなった
	LAUREL →	どちらともいえない
	CIVIC →	悪くなった

図表 4-2　極小条件の併合による評価への影響

　つぎに併合のもう1つの欠点について述べる。併合は性質の異なる2つの特徴が新設計に使われるわけだから，設計されたものは性格があいまいになりやすい。新設計がある製品について，これからの市場で好評を得るようなデザインとする。この場合，属性は外観の形態の要素である。既存の製品を好評と不評に分類してデータを作り，ラフ集合を実行すると，いくつかの好評な製品をまたがって出どころとする極小条件が導出される。ここで併合を行うと，元の極小条件は同じ製品から出ている場合もあるが，併合によってなるべく広くカバーしようという趣旨からいって，別々の製品から出ていることが多い。すると併合でできた属性値の組は，ある製品の形態のどこかの部分および別の製品の形態のどこかの部分であって，それぞれが別々の特徴を表すのであるから，これらを取り込んだ新設計は全体としてデザインの統一性に欠けるおそれがあ

る。併合に使われた属性値以外の，自由な属性をよほどうまく設計しないと，ちぐはぐなものになりかねない。

　属性が形態の要素でない場合も同様のことがいえる。ある新鮮な感じの布地を新設計したいとする。現在の市場の布地からラフ集合の実行によって新鮮な感じのための極小条件を導出し，2つを併合する。たまたま元の極小条件の1つの出どころがフォーマルな感じで，もう1つがカジュアルな感じのものだったら，併合でできた属性値の組を取り込んで新設計したものは両者の混じった，性格のあいまいなものになりやすい。極小条件を併合するとき，このような欠点が伴うのを避けることはできない。まして3つ4つの極小条件の併合を作って新設計に使うと，自由に決められる属性数が少なくなることもあって，新設計は一層複雑な性格のものに陥りやすい。そんなわけで前述のリスクのことも考え合わせて，一般的にいって併合は2つの極小条件にとどめるのが無難だというのが筆者の見解である。

　極小条件のバリエーションのもう1つは，極小条件の**連鎖**を作ることである。いま述べてきた併合は，計画するものの目的への適合性を重視し，的を絞って発想を促す，いわば集中型の手法であるに対し，連鎖を作るのはむしろ発想の新規性，意外性を重視した，いわば発散型の手法である。つまり両者は対称的なのである。

　極小条件の連鎖といえば，前に扱ってきた直売所の極小条件が連鎖状をなすことをすでに**図表 2-13** のグラフに示した。それは直売所が好調かどうかについてのラフ集合論の実行であったが，今度扱うのは新製品開発であるから，その場合も極小条件が連鎖状をなすかどうかを例題で見てみよう。

　評判のいいカメラを開発したい。まず現状を市場調査する。販売中の各社のカメラ 34 機種（**図表 4-3**）を対象とし，それらを 8 個の属性と各 2〜4 個のカテゴリー表（**図表 4-4**）によって調べるとともに，34 機種を市場でとくに好評な 6 機種とその他とに分類して，前者を Y = 1，後者を Y = 2 としてデータとした（**図表 4-5**）。

1 カシオ
EXILIM ZOOM EX-Z55

2 オリンパス
ミュー40

3 キヤノン
IXY DIGITAL 50

4 ペンタックス
Optio S5i

5 ソニー
サイバーショットDSC-T11

6 富士フイルム
FinePix F455

7 リコー
Caplio R1

8 カシオ
EXILIM CARD EX-S100

9 コニカミノルタ
DiMAGE Z3

10 ニコン
COOLPIX4100

11 パナソニック
DMC-FZ20-S

12 パナソニック
DMC-FZ3-S

13 パナソニック
DMC-FX7-S

14 パナソニック
DMC-FX2-S

15 ソニー
DSC-T33

16 ソニー
サイバーショットDSC-L1

17 カシオ
QV-R61

18 キヤノン
PowerShot S70

19 富士フイルム
FinePix E550

20 富士フイルム
FinePix F810

21 コニカミノルタ
DiMAGE X50

22 カシオ
EX-S20

23 オリンパス
i:robe IR-500

24 サンヨー
DMX-C4(N)

25 パナソニック
SV-AS30-T D

26 ペンタックス
Optio MX4

27 ソニー
サイバーショットDSC-M1

28 京セラ
CONTAX SL300R

29 ソニー
サイバーショットDSC-F88

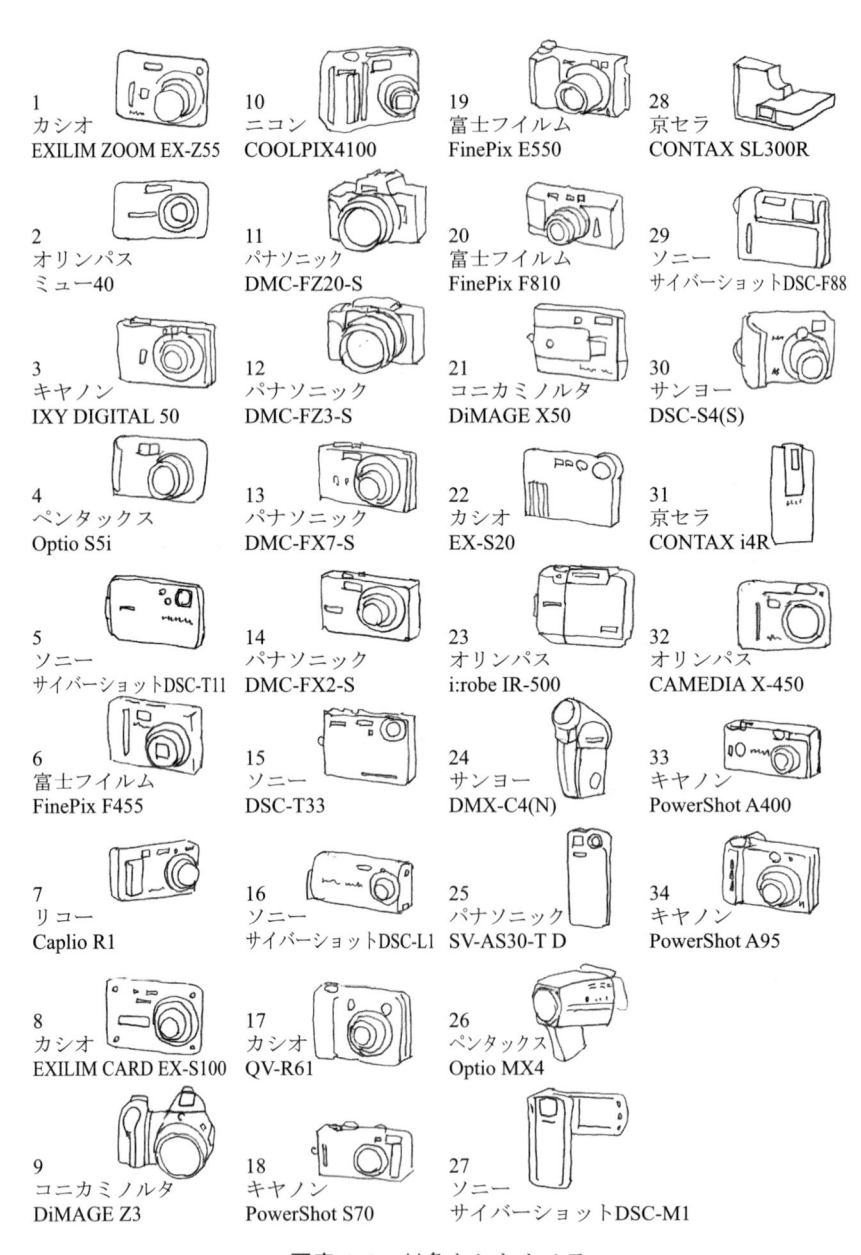

30 サンヨー
DSC-S4(S)

31 京セラ
CONTAX i4R

32 オリンパス
CAMEDIA X-450

33 キヤノン
PowerShot A400

34 キヤノン
PowerShot A95

図表 4-3　対象としたカメラ

属性	カテゴリー
A 買いやすさ	A1…2万円台
	A2…3万円付近
	A3…4万円付近
	A4…5万円付近から6万円付近まで
B サイズ	B1…厚み20ミリ以下で100g程度
	B2…厚み21〜29ミリで150g程度
	B3…厚み30ミリ以上
C 写りのよさ	C1…画素500〜600万か400万クラスで特別レンズ
	C2…300万以上かつ手ぶれ防止機能
	C3…300〜400万付近まで
	C4…200万程度以下
D 撮影の多様さ	D1…自分撮りやマクロ撮影などの特徴
	D2…普通で光学ズーム3〜4倍
	D3…光学ズーム6倍以上
	D4…光学ズーム3倍未満かズームなし
E 撮影のすばやさ	E1…起動がとくに速いか優れた速写
	E2…普通
F 見やすさ	F1…液晶画面が2.5インチクラス以上
	F2…普通で2インチ以下
G 形や色のイメージ	G1…カメラらしく黒が主でレンズが全体イメージの中心
	G2…横長の長方形で銀色が主(色つきもある)でレンズはある程度目立つ
	G3…ほぼ横長の長方形だがレンズは目立たせず装身具の感じ
	G4…縦長とか変な形
H 扱いの簡便さ	H1…アルカリ電池が使えるとかメモリーカード不要などの工夫がある
	H2…普通
評価 Y Y=1…好評	評価は上位6機種を好評とし他はその他とする
Y=2…その他	ヨドバシカメラ2005ホームページより

図表 4-4　カメラの属性, カテゴリー, 評価

U		A	B	C	D	E	F	G	H	Y
U1	カシオ EXILIM ZOOM EX-Z55	A4	B2	C1	D2	E2	F1	G2	H2	1
U2	オリンパスミュー 40	A3	B3	C1	D2	E2	F1	G2	H2	1
U3	キヤノン IXY DIGITAL 50	A3	B2	C3	D2	E1	F2	G2	H2	1
U4	ペンタックス Optio S51	A3	B1	C1	D2	E2	F2	G2	H2	1
U5	ソニーサイバーショット DSC-T11	A3	B1	C1	D2	E2	F1	G3	H2	1
U6	富士フイルム FinePix F455	A3	B2	C1	D2	E2	F2	G1	H2	1
U7	リコー Caplio R1	A2	B2	C3	D2	E1	F2	G2	H2	2
U8	カシオ EXILIM CARD EX-S100	A2	B1	C3	D2	E2	F2	G3	H2	2
U9	コニカミノルタ DiMAGE Z3	A4	B3	C2	D3	E2	F2	G4	H1	2
U10	ニコン COOLPIX4100	A1	B3	C3	D2	E2	F2	G1	H1	2
U11	パナソニック DMC-FZ20-S	A4	B3	C2	D3	E2	F2	G1	H2	2
U12	パナソニック DMC-FZ3-S	A4	B3	C2	D3	E2	F2	G1	H2	2
U13	パナソニック DMC-FX7-S	A4	B2	C2	D2	E1	F1	G2	H2	2
U14	パナソニック DMC-FX2-S	A3	B2	C2	D2	E1	F2	G2	H2	2
U15	ソニー DSC-T33	A4	B2	C1	D2	E2	F1	G3	H2	2
U16	ソニーサイバーショット DSC-L1	A2	B2	C3	D2	E2	F2	G3	H2	2
U17	カシオ QV-R61	A3	B3	C1	D2	E1	F2	G2	H1	2
U18	キヤノン PowerShot S70	A4	B3	C1	D2	E2	F2	G1	H2	2
U19	富士フイルム FinePix E550	A4	B3	C1	D2	E2	F2	G1	H1	2
U20	富士フイルム FinePix F810	A4	B2	C1	D2	E2	F2	G2	H2	2
U21	コニカミノルタ DiMAGE X50	A3	B2	C1	D2	E1	F2	G3	H2	2
U22	カシオ EX-S20	A1	B1	C4	D4	E1	F2	G3	H2	2
U23	オリンパス i:robe IR-500	A3	B2	C3	D1	E2	F1	G3	H2	2
U24	サンヨー DMX-C4(N)	A3	B3	C2	D1	E2	F2	G4	H2	2
U25	パナソニック SV-AS30-T D	A2	B1	C3	D1	E2	F2	G4	H2	2
U26	ペンタックス Optio MX4	A3	B3	C3	D1	E2	F2	G4	H2	2
U27	ソニーサイバーショット DSC-M1	A4	B2	C1	D1	E2	F1	G4	H2	2
U28	京セラ CONTAX SL300R	A2	B1	C3	D1	E1	F2	G3	H2	2
U29	ソニーサイバーショット DSC-F88	A3	B2	C1	D1	E2	F2	G3	H2	2
U30	サンヨー DSC-S4(S)	A1	B2	C3	D1	E2	F2	G2	H1	2
U31	京セラ CONTAX i4R	A3	B1	C3	D1	E1	F2	G4	H2	2
U32	オリンパス CAMEDIA X-450	A1	B3	C3	D3	E2	F2	G2	H1	2
U33	キヤノン PowerShot A400	A1	B3	C3	D4	E2	F2	G2	H1	2
U34	キヤノン PowerShot A95	A3	B3	C1	D2	E2	F2	G1	H1	2

図表 4-5　極小条件計算のためのカメラのデータ

ラフ集合論を実行して得た Y = 1 の極小条件は**図表 4-6** である。ただし C.I. は 2/6 以上のものを主として取り上げ，1/6 のものは一部のみ示した。C.I. が 1/6 すなわち 1 機種のみが持つ極小条件では信頼性がなさすぎると考えて，ここではそうした。グラフ表現すると**図表 4-7** に示したように，やはり連鎖状をなしていることがわかる。

Y = 1	C.I.	U1	U2	U3	U4	U5	U6
A3E2D2H2	4/6		*		*	*	*
C1G2F1	2/6	*	*				
A3F1C1	2/6		*			*	
A3F1D2	2/6		*			*	
E2G2F1	2/6	*	*				
C1A3H2G2	2/6		*		*		
A3E2G2	2/6		*		*		
C1B1	2/6				*	*	
A3B1D2	2/6				*	*	
A3B1E2	2/6				*	*	
G1B2	1/6						*
A3C3F2B2	1/6			*			
A3C3E1B2	1/6			*			
A3C3D2	1/6			*			
A3C3G2	1/6			*			
⋮	⋮	⋮					

図表 4-6 好評なカメラの極小条件と出どころ
（C.I. が 1/6 のもの 13 個を省略）

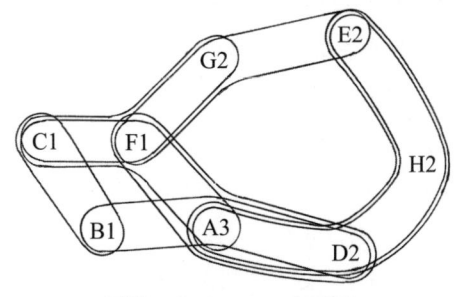

煩雑になるので一部省略
二重線は C.I. が 4/6

図表 4-7 好評なカメラの極小条件グラフ表現

因みに極小条件の併合を使って市場での好評を確かなものにしたいならば，最も C.I. の大きい A3E2D2H2 をもとに，これを補うかたちで A3C3D2 を加えてできる

A3C3D2E2H2

の5属性値を新製品に組み込むことが考えられる（5対象をカバーできる）が，市場に流通している製品に忠実すぎて新しみはないかもしれない。ここでは連鎖を使って新規性に重点を置く開発をしたいのだから，併合にはこれ以上触れない。

　図表 4-7 の連鎖を見ると鎖のつながり方がいろいろ読み取れる。また記号で書かれている個々の属性値を図表 4-4 の現実に戻してみると，自分がこれから創るのに使いたいものがわかる。創造性のためには特色あるカテゴリーとか偏ったカテゴリーなどがよく，中庸なカテゴリー（大・中・小ならば中）は避けた方がいいかもしれない。そんなことから，たとえば

　　　C1B1　　… 500万画素で厚さ20ミリ100ｇ
　　　C1G2F1 … 500万画素で長方形＋レンズがある程度目立ち
　　　　　　　　液晶 2.5 インチ以上
　　　A3F1C1 … 4万円で液晶 2.5 インチ以上で 500万画素

の鎖に対して図表 4-8 のように一部の属性値を削除しながら，その先に自由意思で属性値を追加して新たな鎖を作るのである。P1，P2，P3 の3案を仮に示した。それぞれを含んで計画される設計案が新製品開発3案というわけである。企画書で表すと，たとえば P1 は 500万画素で厚さ20ミリ100ｇという，U4，U5 が持つ特徴を維持しながら，デザイン（属性 G）で精緻さを独創的に打ち出す。P2 は 500万画素は守りつつ液晶を思い切って大きくし，しかし普通のデザインである U1，U2 と違って何か変わったイメージにするか，または価格を 3万円に抑える工夫をする。P3 は 4万円で液晶 2.5 インチ以上は U2，U5 と同じだが，画素数にこだわるのでなく，ズームで他にはない特色を出す，

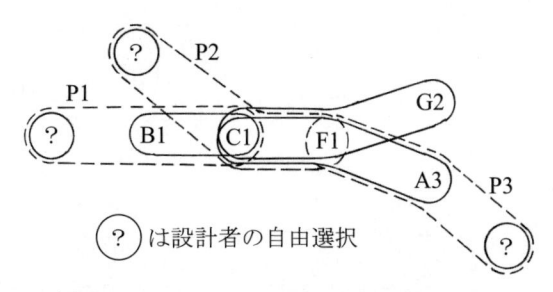

4. 帰納・仮説設定のための工夫と連鎖の発見　85

図表 4-8　カメラの創造的な製品開発 3 案

などとなる。ここで P1 は極小条件を完全に含むので，新製品は好評を得るだろうと推論されるけれども，極小条件の一部だけを含む P2 と P3 は推論の信頼度はぐっと下がる。その代わり新規性は高まる。ラフ集合論の言葉でいえば，前者は下近似であるが後者は上近似に当たるからである。創造にはリスクが伴うのは止むを得ないわけだ。

極小条件のバリエーションの話は以上で終わるが，最後に出てきた「連鎖」には実は深い意味が潜んでいるので，しばらくそれを述べたい。

極小条件がグラフで表すと連鎖状をなすことは，直売所の経営が好調な店の場合や，カメラ市場で好評なカメラの場合に確かめてきた。では個人の評価ではどうか。上記の 34 機種のカメラから自分が買いたいと思うカメラを選ぶとする。仮にある人 —X さん— が U3 を選ぶと，極小条件はグラフ表現で**図表 4-9 左**となる。しかしカメラとかパソコン，クルマなど高額な商品を買うときは 1 つだけに決まらず，カタログで性能やデザイン，価格などの属性を見比べて，あれにしようかこれにしようかと複数の候補を挙げて迷うことが多い。もっとも，高額な商品でも迷わず一目でパッと決めてしまう衝動買いの人もいるが，普通はそうではない。複数の候補を挙げる。そこで Y さんが U1 と U2 の 2 機種を挙げたとしてその極小条件を**同図中央**，Z さんが U1 と U2 と U3 の 3 機種を挙げたとしてその極小条件を**同図右**にグラフ表現した。

U3 を選んだ
X さん

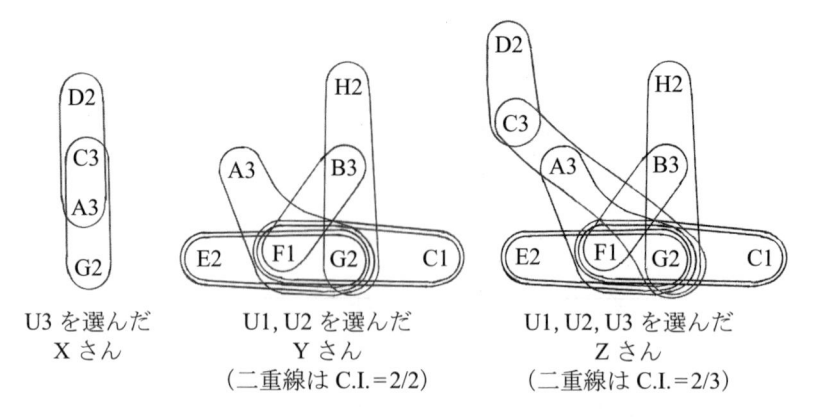

U1, U2 を選んだ
Y さん
（二重線は C.I.＝2/2）

U1, U2, U3 を選んだ
Z さん
（二重線は C.I.＝2/3）

図表 4-9　個人が買いたいカメラの極小条件グラフ表現
（属性値数 3 以下のみ示す）

極小条件は特徴を表すことは何度も述べてきた。34 機種のなかでの特徴である。比較的有用という意味で属性値数 3 以下の極小条件に限ってみると，U3 の 1 機種だけ選んだ場合，A3 と C3 は共通の属性値すなわちコアであるから X さんは A3 と C3 を必須条件として着目し，加えて D2 または G2 のいずれかがあるゆえに買いたいとしたことがわかる。U1 と U2 を選んだ場合の極小条件にはコアはないが，F1 と G2 はコアに近いものであり，Y さんはこの 2 つを重視しながら他のいくつかの属性値との組み合わせを条件に買いたいとしたことがわかる。U1 と U2 と U3 を選んだ Z さんの極小条件は Y さんに近く，U3 を追加した分として C3 と D2 が条件に加わっている。

　このように個人が好きな対象を選ぶ場合も，いくつかの対象を選択したとき，それらの持つ特徴は，一部を共有しながらしかし全体に共通なものはない（すなわちコアはない）という状況，言い換えると連鎖状をなすことがわかる。ある対象を選んで好きになるというのはその対象の持つ特徴ゆえに好きになるのだから，特徴が連鎖状をなすということは好きになる理由が連鎖状をなすといえる。それは新設計に対しては好きになるための要求条件が連鎖状をなすことになる。図表 4-10 はそのことを摸式的に描いたものである。

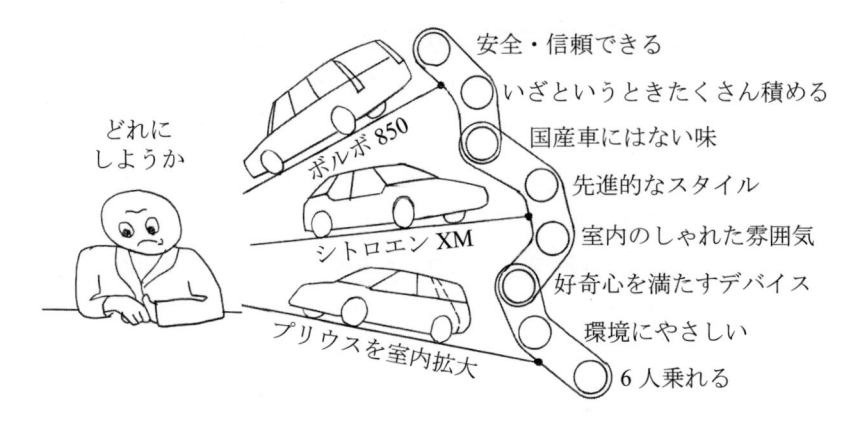

4. 帰納・仮説設定のための工夫と連鎖の発見　87

図表 4-10　買いたい車の特徴は連鎖状

ここで普通に行われるマーケティング調査を批判したい。成熟した市場においては，ある商品に対し，どんなものが好ましいかは万人に共通するのではなく，人それぞれの価値観に応じて変わる。そこでマーケットセグメンテーションといって価値観の似た者同士で市場をいくつかに分割し，商品に対するそれぞれの要望を調べる。たとえばクルマなら燃費は，外観デザインは，値段は，アフターサービスは，などと項目（属性）を挙げて，どれをどの程度重視するかをアンケートする。これは1人の人は1つの価値観を持ち，一通りの要望パターンを持つとの前提があって初めて有効なアンケートである。ところが，ここで述べたように1人の人が実際は複数の価値観を持ち，**図表 4-10**のような連鎖状の要望を持つということがわかると，そのようなアンケートに答えるのは難しいはずであって，消費者は無理をして答えることになる。そうすると得られたデータは当然信ぴょう性に欠ける。したがって比較的高額でじっくり考えて買うような商品の場合は，マーケティングに際して個人の連鎖状の要望に応じられる形の調査をしなければならないといえるのである。

連鎖についてもう少し続けたい。今度は言葉のことである。言葉の場合はその言葉の意味（意味の内容）が属性値に相当する。ここでは日常使われる言葉はその意味が連鎖状をなすことを述べる。数学用語のようにはっきり定義され

た概念がある言葉と違って，日常使われる言葉のほとんどは意味があいまいであって，使われ方によって意味が変わるのであり，その意味が連鎖状をなすのである。ドイツの20世紀最大の哲学者といわれるL.ヴィトゲンシュタイン（1889–1951）がそのことを初めて指摘した。彼はゲームという言葉を例にしてつぎのように主張した。ゲームはいろいろな意味を持っているが，たとえばトランプのブリッジ遊びを考えればカードを使うとか数人で遊ぶなどの意味を持ち，すごろく遊びならば数人で遊ぶ，サイコロを使うなどの意味を持つ。ゲームとはこれらの総体であり，持っている意味は互いに一部を共有しながら連鎖的につながっているのであって，意味の全体に共通するものは存在しないことが多い。そして連鎖状をなす意味の相互の関係のことを彼は「家族的類似性」と名付けた[8]（図表4-11）。またフランスの実存主義哲学者J. P. サルトル（1905–1980）は著書[9]のなかで，ユダヤ人とは「心理的・肉体的・社会的・宗教的などの各要素が入り組んだ，分解不可能な一つの全体」であって「遺伝的特徴も他の要素同様，彼らの状況の一つの要素」といっているが，これはユダヤ人という言葉が（フランスでは）ヴィトゲンシュタインがいうところの日常語であることを示している。

　そして，あいまいな日常語の代表格であるところの感性語がそういう性質を持つのは当然である。「洗練された」とか「かわいい」などのイメージ語が具体的にどんな意味を持つかを考えていくと連鎖が見えてくるし，また何か対象を持ってきて，その属性のデータと，イメージ語に当てはまるかどうかのデータ

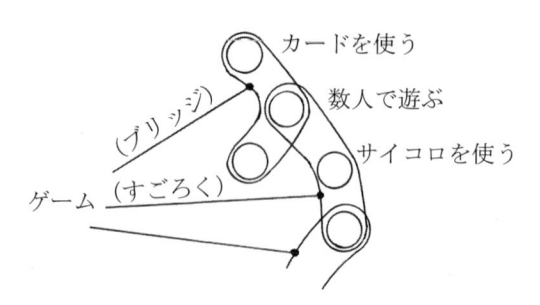

図表4-11　ゲームの意味は連鎖状

を作り，ラフ集合を実行すれば，属性値の連鎖が現れることでもわかる。

　以上述べてきたように，好調な直売店とか，好評なカメラとか，日常語の意味とか，イメージ語に当てはまるものとかを，ひとことでいい表すことはできず，直観によるにせよ，ラフ集合の実行によるにせよ，属性値の組み合わせで表すしかない。もしそれぞれをいい表す適当な概念があればひとことで表せるが，そのような概念はない。にもかかわらず，われわれは決まった概念がないのにさもあるかのごとくに思い浮かべたり，他と比べたり，好ましく思ったり嫌ったりする。はっきりした境界のない連鎖を全体として漠然と捉えることができているものと思われる。だから，たとえばあなたの買いたいものはどれですか，と問われて漠然とあるまとまりを思い浮かべられるけれども，対象物の1つを指し示すことは無理なのである。また，人が思い浮かべられることに対応する既存の概念がないからといっていちいち概念を作っていたら膨大な数の概念が必要になり，とても覚えられるものではない。そんな必要はないのである。だから数学用語その他の科学用語において必要最小限の概念だけを定義して決めるのである。それがわれわれ人間の世界なのである。

5. ラフ集合の分析と他の分析の比較

　実際の場でラフ集合を実行する目的は後にも述べるようにいろいろあるが，主なものは極小条件を用いる推論であろう。何かこうしたい，こうありたいというものがあって，それを達成するためにはどうしたらいいかを推論する場合である。そのために過去・現在の事例を集め，結果の成功例（あるいは高評価例）とその他の例に分類し，それぞれ結果にかかわると思われる属性のデータを整理し，ラフ集合を実行すれば，目的とする結果を得るための属性値の組を極小条件として得られるので，いま着手しようとしているものはそれらさえ備えればいいと推論できる。

　このような目的のためには，いままでも手法はあったし，いまでもよく使われている。その1つは多変量解析である。目的とする結果に対してどの属性がどの程度寄与するかを求めることができる。手法にはいくつかの種類があり，属性および目的とする結果がカテゴリカルか連続量かによって手法が分かれる。ラフ集合の実行に用いるデータは，結果は成功（あるいは高評価）とそれ以外に分類されるからもちろんカテゴリカルであるが，属性はカテゴリカルの場合とグレードの場合があることはいままで述べてきたとおりであって，グレードはすなわち連続量である。結果がカテゴリカルで属性がカテゴリカルを扱う多変量解析は数量化2類であり，結果がカテゴリカルで属性が連続量を扱う多変量解析は判別分析であるから，データから見た場合，数量化2類および判別分析がそれぞれカテゴリカルおよびグレードのラフ集合実行に相当する。

　データはそのように対応するが，分析の内容は大きく異なる。考え方が本質的に違っている。多変量解析に属する数量化2類および判別分析は統計的な推論であって，結果のそれぞれのクラスの「平均的な」性質を求める手法である

が，ラフ集合の実行は結果のそれぞれのクラスの全体的な性質ではなくてクラスの「一部でしかないにしてもその代わり確実」にいえることを抽出するのである。いわば少数派も確実に吸い上げるものといえる。データマイニングと考え方が同じである。また数量化2類および判別分析は線形推論であって，結果のクラスを属性ごとに与える重みの総和という数値で説明するというものであるが，ラフ集合の実行はまったく異なり，演繹という論理的な帰結として説明するものである。論理的な帰結ゆえに人の思考のしくみのモデルといえる点が大きな特色である。

　世の中には，全体は部分の足し算で成り立っているという線形の構造をなすものもあるが，人間にかかわる問題，とくに感性にかかわる問題では，要素間に相乗効果や相殺効果が働くために線形では説明できない場合が多い。そういうとき多変量解析は分析すれば確かに結果は出るが，精度が悪くなるのは当然である。精度の悪さに気がつかないで結果の数字を信じてしまうことがある。その点の心配は線形か非線形かに無関係なラフ集合の実行にはない。

　相乗効果の話が出たのでここで1つ余談を述べたい。前に「1.2 どんな場合に何ができるか—活用のシーン」で動物病院の診断支援を紹介したが，もちろん人間の場合も同じで，読者のみなさんは次のような記事を新聞や雑誌の健康欄とか，病院にある成人病予防のパンフレットで目にしたことがあるのではないだろうか。たとえば，いま筆者の手元にあるパンフレット（松岡博昭，高血圧治療，ノバルティスファーマ，2010, p.15）によれば

　　　　腹部肥満，脂質異常，血圧が正常範囲を超過，血糖値異常

の4項目のうち，2つ（または以上）に当てはまればメタボリックシンドロームと診断されるとのことである（パンフには異常の数値が書いてあるが省略する）。これは2つの症状の間に相乗効果が働くからに違いない。もし相乗効果でなくて線形が成り立っているならば，これらの症状それぞれに重要度の点数があって，当てはまる症状の合計点が何点かを超えたらメタボ，といういい方になるはずだが，ここではそうはいっていない。個々の症状の点数の違いを超

えて相乗効果が働くことを示している。とすれば病気の診断の場合，症状のデータを線形とみなして数量化2類などの回帰分析で診断システムを作るのは不適当であって，作るならラフ集合の極小条件を導出するのがいい。パンフレットの上記の例は医師の経験則であってラフ集合を実行したわけではないだろうが，ラフ集合でも同じ結果が得られるはずである。さらにいえばパンフレットの記載では4項目のうちの2つの組み合わせのすべてがメタボといっているから，そして4つから2つをとる組み合わせは6個あるから，本当にラフ集合の極小条件どおりとするなら，極小条件は2つの属性値からなる6個が算出されるはずである。

　最後に注意すべきは，ラフ集合と線形分析のどちらにしても，分析で求めた知識をこれから着手するものに応用する立場に立てば「おそらく…」という不確実な帰納的推論でしかないことは同じであるし，その場合データが多いほど信頼度が増すことも，この両者の分析法に限らず帰納的推論のすべてと同じである。

6. 実際に極小条件を算出するときに必要な要領，注意

　巻末に紹介する別売りのソフトを使って実際に極小条件の計算をするときに，データを扱う上で，いくつかの要領や注意をした方がいいので，ここにまとめて述べることにする。

　極小条件計算が有用な場合は前にも述べてきたが，大きくいって2つある。1つは「要するにこういうこと」という，要約された知識を獲得することであり，もう1つは「要するにこうすればいいらしい」という推論である。知識獲得と推論という2つの場合で違う要領が必要なことがあるので，それぞれの立場を考えて述べる。

6.1 データサイズ

　別売りのソフトはパソコンで十分実用的なものとするために計算時間を30分程度までとしてある。そのため，データが大きすぎる場合は計算がストップする。データの大きさにはっきりした上限はないが，目安としてはカテゴリカルデータの場合

　　　　対象 U の数…100
　　　　属性数…12（ただし各属性の属性値数が2〜4のとき）
　　　　分類クラス Y の数…7

で，グレードの場合

　　　　対象 U の数…95
　　　　属性数：17
　　　　分類クラス Y の数…7

である。Y の数とは Y の種類数である。グレードの場合は属性値数というものはない。これら上限はもちろんデータの中味の複雑さにもよるので一概にはいえない。また，これらの上限は U の数，属性数，Y の数という，それぞれ個々についての上限であって，すべてがこれらの上限を持つような場合は無理である。以上のことは巻末のソフトの紹介にもっと詳細があるから参照されたい。

　実際に扱おうとしているデータがこの範囲内の大きさであれば問題ないが，超える場合もあるだろう。そこでデータを小さくする工夫が必要になる。その要領を述べる。

　知識獲得の場合は U の数や Y の数を削減することは難しい。なぜなら知識獲得とは，データが持っている目的に沿った事実を取りこぼしなく洗い出そうとするからだ。たとえば世界の主なクルマメーカーはそれぞれ他社に対してどんな特徴を持つかをラフ集合を実行して得た極小条件によって知りたいとする。これは知識獲得の例である。**図表 6-1** はそのために設定した属性であり，**図表 6-2** は少し古いが 2000 年に販売された欧州仕様の世界のクルマ 60 車のデータである。スイスのハルワグ社のカタログ・デア・アウトモビルレビュー 2000 によって調べた。

　このデータはたまたま大きさが U 数，属性数，Y 数とも上限を下回っているので問題ないが，もし U 数や Y 数が上限を超えていたとしても，この場合の目的からいって，この 60 という U の数を減らすことは難しいことが想像できるだろう。一部でも削減したら目的の事実の一部を取りこぼすことになる。Y も世界の主なメーカーだから決まっているので削除しようがない。したがって減らせる可能性があるのは属性数である。単純に属性を主なものに限ることによって減らすのである。

　現実に U の数や Y の数が大きすぎるのに削減もできないときどうするか。データをいくつかに分割あるいは統合すればよい。そして分割・統合して得たデータごとに計算を実行するのである。データが小さくなった代わりに，計算が 1 回でなく複数回になるわけだ。その分割・統合の仕方について述べよう。

A：造形（ボディーに対してグリル・ランプが独立した造形かどうか）
 A1 ボディー面上に描かれたグリル・ランプ
 A2 中間
 A3 独立型グリル・ランプ

B：センター（ボディーや部品でフロントのセンターが強調されているかどうか）
 B1 センターにアクセントなし
 B2 センターにややアクセント
 B3 ボディー造形，グリル，マークでセンターを強調

C：グリル（ランプと連続か一体化か）
 C1 グリルなしかまたはランプと無関係
 C2 ランプと切り離されているがやや関係あるグリル
 C3 グリルとランプが一体化

D：ランプ（ランプの面積の大きさ）
 D1 ランプの面積は小さい
 D2 ランプの面積は中くらい
 D3 ランプの面積は大きい

E：表情（ランプやグリルで表情のある顔かどうか）
 E1 幾何的で無表情
 E2 犬のようなおとなしい表情
 E3 猫や猛禽類のような強い表情

F：バンパー（大きく独自の形で目立つバンパー開口かどうか）
 F1 バンパー孔がなしか，またはほとんど目立たない
 F2 中間
 F3 バンパー孔が大きく独自の形でよく目立つ

G：縦横（横方向強調のデザインかどうか）
 G1 横方向強調はしていない
 G2 中間
 G3 顔全体のデザインで横方向強調

図表 6-1 クルマの顔の属性

		A	B	C	D	E	F	G	Y
U1	マイクラ	A2	B3	C2	D2	E2	F1	G1	1
U2	キューブ	A2	B1	C2	D2	E2	F2	G2	1
U3	アルメーラ	A2	B3	C2	D3	E2	F2	G2	1
U4	サニー	A3	B2	C2	D2	E2	F2	G2	1
U5	ティーノ	A2	B3	C2	D2	E2	F2	G2	1
U6	プリメーラ	A2	B3	C2	D2	E2	F2	G2	1
U7	プレサージュ	A2	B2	C3	D2	E2	F2	G2	1
U8	セドリック	A2	B1	C3	D2	E2	F2	G2	1
U9	シーマ	A3	B2	C2	D2	E2	F2	G2	1
U10	ウィルヴィ	A1	B1	C2	D2	E2	F2	G2	2
U11	ヤリス	A1	B2	C1	D2	E3	F2	G1	2
U12	スターレット	A2	B1	C2	D2	E2	F2	G2	2
U13	カローラ	A2	B2	C2	D2	E2	F2	G2	2
U14	セリカ	A1	B2	C1	D2	E3	F3	G1	2
U15	ガイア	A2	B2	C2	D2	E2	F2	G2	2
U16	カムリ	A2	B1	C2	D2	E2	F2	G2	2
U17	プログレス	A3	B1	C1	D1	E2	F1	G1	2
U18	スープラ	A1	B1	C1	D2	E2	F2	G1	2
U19	シビック	A2	B2	C2	D2	E2	F2	G2	3
U20	インテグラ	A1	B1	C1	D1	E1	F2	G1	3
U21	アコード	A2	B2	C2	D2	E3	F2	G2	3
U22	プレリュード	A2	B1	C2	D1	E2	F2	G1	3
U23	レジェンド	A3	B2	C2	D2	E2	F2	G1	3
U24	キャパ	A2	B2	C2	D2	E2	F2	G1	3
U25	HRV	A2	B1	C2	D2	E2	F2	G2	3
U26	ランサー	A2	B2	C2	D2	E2	F2	G3	4
U27	ミラージュ	A2	B1	C2	D2	E2	F2	G3	4
U28	ディンゴ	A2	B1	C2	D3	E3	F1	G2	4
U29	カリスマ	A2	B2	C3	D2	E2	F2	G3	4
U30	ギャラン	A3	B2	C3	D2	E3	F2	G3	4

6. 実際に極小条件を算出するときに必要な要領，注意　99

		A	B	C	D	E	F	G	Y
U31	GTO	A2	B1	C1	D2	E2	F3	G1	4
U32	スペースワゴン	A2	B2	C3	D2	E2	F2	G2	4
U33	マツダデミオ	A2	B2	C2	D2	E1	F2	G2	5
U34	マツダ 626	A2	B2	C2	D2	E2	F2	G2	5
U35	ユーノス 500	A2	B2	C2	D2	E3	F2	G2	5
U36	インプレッサ	A2	B1	C2	D2	E2	F2	G2	5
U37	レガシィ	A2	B2	C2	D2	E2	F1	G2	5
U38	フォレスター	A2	B1	C2	D2	E2	F1	G2	5
U39	ボルボ C70	A2	B2	C2	D2	E2	F2	G2	6
U40	アウディ TT	A1	B2	C2	D2	E2	F1	G2	6
U41	アウディ S3	A2	B2	C2	D2	E1	F2	G2	6
U42	メルセデス SLK	A2	B2	C2	D2	E2	F2	G1	6
U43	メルセデス CLK	A2	B2	C1	D2	E2	F1	G1	6
U44	メルセデス S	A2	B2	C2	D2	E2	F1	G1	6
U45	BMW-Z3	A1	B3	C1	D2	E2	F2	G2	6
U46	オペルコルサ	A2	B2	C2	D2	E2	F2	G2	6
U47	オペルオメガ	A2	B2	C2	D2	E2	F2	G2	6
U48	VW ゴルフ	A2	B2	C2	D2	E2	F1	G2	6
U49	シトロエンピカソ	A2	B2	C2	D2	E3	F2	G2	6
U50	シトロエンエクザンティア	A2	B2	C2	D2	E1	F2	G2	6
U51	プジョー 206	A1	B2	C2	D2	E3	F3	G2	6
U52	プジョー 406	A2	B2	C3	D2	E3	F2	G3	6
U53	プジョー 607	A2	B2	C2	D2	E3	F2	G2	6
U54	ビュイックセンチュリー	A2	B2	C2	D2	E2	F1	G2	7
U55	キャデラックセビル	A2	B2	C2	D2	E1	F1	G2	7
U56	オールズアレロ	A2	B1	C1	D2	E2	F2	G2	7
U57	フォードフォーカス	A2	B2	C2	D2	E3	F2	G2	7
U58	リンカーンコンチネンタル	A2	B2	C2	D2	E2	F1	G2	7
U59	クライスラーネオン	A2	B1	C2	D2	E2	F1	G2	7
U60	クライスラー 300M	A2	B1	C1	D2	E2	F2	G2	7

Y=1：N社，Y=2：T社，Y=3：H社，Y=4：M社，Y=5：その他の国産，Y=6：欧州，Y=7：米国

図表 6-2　世界のクルマ 60 車の顔のデータ

まず属性の分割について。たとえばクルマ全体のデザインの特徴を知りたいとき，全体の姿を表す属性と顔の部分を表す属性に2分する（**図表6-3**）とか，あるいは顔だけにしても顔の外形とかランプやグリルの配置など（いわば顔つき）の属性と，顔を構成する部品の属性とに2分するなどで

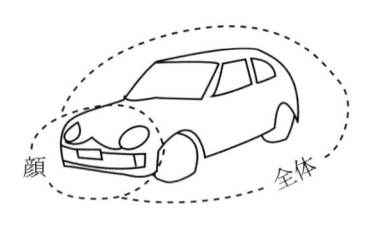

図表6-3　クルマの属性の分割

ある。そして分割したそれぞれのデータを作って別々に極小条件計算を実行すればよい。

つぎにYの統合について。**図表6-2**はYがY＝1からY＝7まで7クラスあり，極小条件計算で得られるY＝1の極小条件は，Y＝1（N社）に属するU1からU9の9車が，Y＝2からY＝7までのすべてのU（51車）のいずれとも識別できる特徴を示す。だからY＝1のデータはそのままとし，Y＝2からY＝7までのデータをすべてY＝2と書き変えて計算を実行してもY＝1の極小条件はまったく

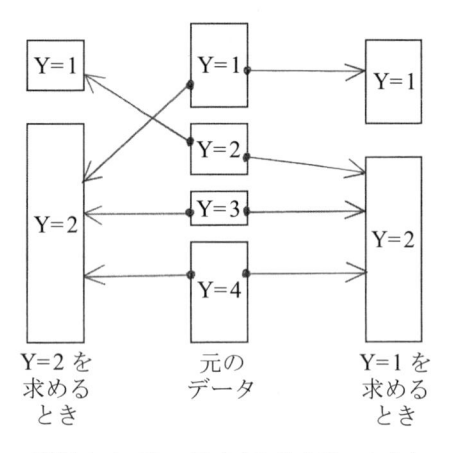

図表6-4　Yの統合（Yが4種のとき）

変わらないのである。少し考えれば，このことはすぐにわかるだろう。こうしてYは分割ではなく，Y＝1とY＝2に統合することによってYの数は7種から2種に減る。Uの総数は60のまま変えてない。このやり方で，もともとのYの種類数がいくつであっても2種になる。Y＝2（T社）の特徴を知るには同様にY＝2をY＝1と書き変え，Y＝1およびY＝3からY＝7までをY＝2と書き変えて計算する。他も同様である。この様子を**図表6-4**に示す。1回ごとにデータを書き直しながら（といっても単にYの列を書き変えるだ

けだが）複数回（この場合 7 回）計算を実行する．元のデータのままの計算は Y = 1 の極小条件，Y = 2 の極小条件，…，Y = 7 の極小条件のすべてを一気に計算するわけだから計算が重くなるが，以上のようにすれば 1 回あたりの計算はずっと軽くなるわけだ．

つぎに Y = 1 の分割について．上記のように Y を 2 種にしてもなお計算不可能なら，目的とする Y = 1 の U をたとえば**図表 6-5** のように 2 分割し，2 回計算し，それぞれで得られた極小条件をただ寄せ集めればよい．寄せ集めるだけだから至って簡単である．実際にやってみる．Y = 2 の方は変えないから 51 車のままで，Y = 1 の 9 車を U1 から U5 までの 5 車（第 1 グループ）と U6 から U9 までの 4 車（第 2 グループ）に分割し，第 1 グループを仮の Y = 1 として極小条件を計算する．このとき U 数は 56 である．結果は**図表 6-6 左**である．つぎに第 2 グループを仮の Y = 1 として計算する．このとき U 数は 55 である．結果は**同図右**である．一方，Y = 1 を分割しないで当初のま

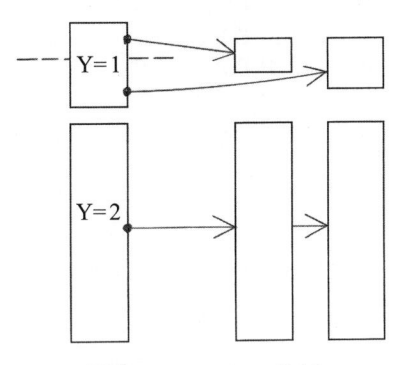

図表 6-5　Y=1 の分割

Y=1		出どころ				
	C.I.	U1	U2	U3	U4	U5
B3A2	3/5	＊		＊		＊
B3C2	3/5	＊		＊		＊
B3F1	1/5	＊				
B3G1	1/5	＊				
B3D3	1/5			＊		
D3F2	1/5			＊		
D3E2	1/5			＊		
A3G2	1/5				＊	

第 1 グループの極小条件

Y=1		出どころ			
	C.I.	U6	U7	U8	U9
B3A2	1/4	＊			
B3C2	1/4	＊			
C3B1	1/4			＊	
A3G2	1/4				＊

第 2 グループの極小条件

図表 6-6　世界のクルマに対する 2 分割した Y=1 の極小条件

Y=1					出どころ					
	C.I.	U1	U2	U3	U4	U5	U6	U7	U8	U9
B3A2	4/9	*		*		*	*			
B3C2	4/9	*		*		*	*			
B3F1	1/9	*								
B3G1	1/9	*								
B3D3	1/9			*						
D3F2	1/9			*						
D3E2	1/9			*						
A3G2	2/9					*			*	
C3B1	1/9							*		

図表 6-7　世界のクルマに対する Y=1 の極小条件

まのデータ（U 数は 60）で計算したものは図表 6-7 に示す。図表 6-7 は図表 6-6 左と同図右の極小条件を集めて C.I. や出どころを整理すればよいことがわかるだろう。ダブっているのは 1 つにすればいい。

つぎに Y=2 の分割について。上記のように Y=1 の U を分割しても Y=2 が大きすぎるためにまだ計算不可能なら，いよいよ Y=2 を図表 6-8 のように分割して計算しなければならない。その場合は計算後の極小条件の整理にやや面倒なところがあるが，一応説明しておこう。Y=2 をどこで分割してもかまわない。元のデータの Y=2（T 社），Y=3（H 社）などと分け，N 社の T 社に対する極

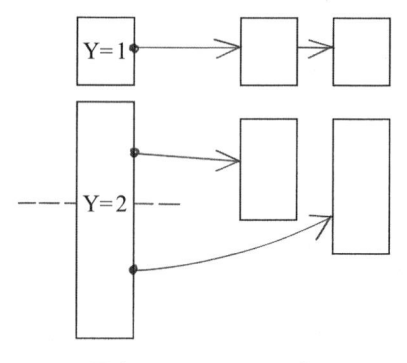

図表 6-8　Y=2 の分割

小条件，N 社の H 社に対する極小条件というふうに各メーカーを相手にした極小条件を求めれば，それら自体が有益である。目的は世界に対する特徴を求めることであるが，各メーカーに対する特徴というものも役立つ情報であろう。いわば副産物だ。しかし，ここでは U10 から U38 までの国産車 29 車（第 1

グループ）と，U39 から U60 までの外車 22 車（第 2 グループ）に分けることにする。つまり国内における特徴および外車に対する特徴という副産物が得られるようにするわけだ。Y = 1 は N 社の 9 車のまま，第 1 グループ 29 車を仮の Y = 2 として極小条件を計算すると**図表 6-9 上**が得られる。このとき U 数は 38 である。第 2 グループ 22 車を仮の Y = 2 として計算すると**同図下**が得られる。このとき U 数は 31 である。

Y = 1 の 9 車の Y = 2 全体 51 車に対する極小条件を構成する属性値の組は，Y = 2 の第 1 グループのどの U とも識別でき，かつ第 2 グループのどの U と

Y=1	C.I.	U1	U2	U3	U4	U5	U6	U7	U8	U9
B3	4/9	*		*		*	*			
F1C2G1	1/9	*								
F1A2G1	1/9	*								
F1D2G1	1/9	*								
D3F2	1/9			*						
D3E	1/9			*						
A3G2	2/9					*			*	
C3B1	1/9						*			

第 1 グループに対する極小条件

Y=1	C.I.	U1	U2	U3	U4	U5	U6	U7	U8	U9
B3A2	4/9	*		*		*	*			
B3C2	4/9	*		*		*	*			
B3F1	1/9	*								
B3G1	1/9	*								
B1C2F2	1/9		*							
D3	1/9			*						
A3	2/9					*			*	
B1C3	1/9						*			
C3E2	2/9						*	*		
C3G2	2/9						*	*		

第 2 グループに対する極小条件

図表 6-9 2 分割した世界のクルマに対する Y=1 の極小条件

も識別できなければならないことに着目する。したがって Y = 1 の U の Y = 2 全体に対する極小条件は，第 1 グループに対する極小条件を構成する属性値の組と，第 2 グループに対する極小条件を構成する属性値の組との and 結合でなければならない。したがって，たとえば図表 6-9 上の U1 を出どころとする極小条件 B3 と，同図下の U1 を出どころとする極小条件 B3A2 を and 結合すなわちブール演算の × で演算して

$$B3 \times B3A2 = B3A2$$

で得た B3A2 は Y = 1 の U1 を出どころとする Y = 2 全体に対する極小条件の 1 つであることがわかる。事実，図表 6-7 を見ると第 1 行にそれが出ている。図表 6-9 上と同図下を使ってこのようにして作っていくといくらでも作れるが，極小条件の 1 つの性質であるところの十分条件は満たすものの，もう 1 つの性質であるところの必要条件を満たさず，不必要な属性値までも含むかもしれないので極小条件であるとは限らない。属性値数の長いものはそういう意味で極小条件でない可能性がある。十分条件は満たすので極小条件とみなしていても間違いではないが，取り上げる価値は少ない。そんなわけで演算によって作った属性値数の短いものだけを極小条件の候補として取り上げ，実用に役立たせるのがよい。極小条件として取り上げそこなうことがあるが，実用では問題にならない。わかったものを活用すればいいからである。ここでは上記の B3A2 の他には同様の演算によって B3C2, B3F1, B3G1 が U1 から作られ，また U3 から B3D3 が作られるが，これらはいずれも本当に極小条件であることが図表 6-7 に含まれていることでわかる。注意しておきたいのは図表 6-9 上の B3 と同図下の A3 を × で演算してはならないことで，それは U の出どころが違うからである。以上で一応の説明を終わるが，結局のところ，Y = 2 を分割することは後の処理が結構厄介であるからあまりお勧めできるものではない。

　知識獲得でなく推論の場合も，データサイズ縮小のための以上述べてきた手法はすべてそのまま使える。しかし推論の場合には U の数そのものを削減することができる場合がある。これは注目すべきことである。知識獲得の場合は

データのUのすべてが均等な存在価値を持ち，そのすべてから潜んでいる事実をもれなく抽出しなければならない。けれども推論の場合はデータが持っている事実自体には目的がない。事実を利用して意図した推論を行うのが目的だから取りこぼしがあってもかまわない。データのUはそのための単なるサンプルにすぎない。たまたま入手したサンプルであって，背後にある，あるいは背後にありうる，統計でいうところの母集団を相手にしている。ただし統計では母集団の総括的な性質を明らかにしようとするのに対し，極小条件は母集団から見て偏っていてもいいからとにかく確実な事実を発掘しようとするわけである。それゆえにUの削除が可能な場合があるわけだ。もっとも分類Yがはっきりとしたカテゴリーに分けられている（たとえば上記のクルマの国別のように）場合は削除しようがないからだめだが，前に**図表 4-5** に取り上げたカメラの評価のように，分類Yが優劣，得点の高低，順序などからなされる場合に可能である。**図表 4-5** では比較的好評な 6 機種を Y = 1 として他の 28 機種を Y = 2 としたが，もともと市場調査で調べた評価の統計結果だから全 34 機種を 1 位から得点の高低順に並べることができるはずだ。**図表 4-5** ではたまたま上から 6 位のところで線引きしたにすぎない。U の 34 という数を削減するために，たとえば上から 3 機種および下から 20 機種をとって，それぞれを Y=1 および Y=2 とし，中間の 11 機種を削除して，U を 23 に削減してもかまわない。**図表 6-10** に示す。むしろそのほうが Y = 1 と Y = 2 の違いを際立たせることができてよいともいえる。いくつ削除するかは自由であり，結果に多様さを残したければ削除は控えめにし，はっきりした違いに基づく結果だけを得たければ大胆に削除するとよい。中間のどのあたりを削除するかについては，後

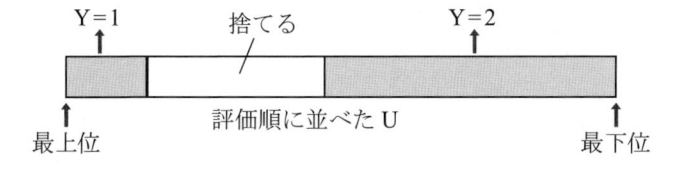

図表 6-10 順位づけられる U のデータ作りと中間削除

に述べる極小条件の数の観点からいって,なるべく Y = 1 の U を少なくし,Y = 2 の U はあまり減らさない方がよい。また,U の 1 つ 1 つが順序づけられなくとも,1 級,2 級というように序列あるクラス分けができる場合も同様で,序列が高いクラスのみを Y = 1,中間層を削除,序列の低いクラスを Y = 2 とするのである。たとえば 1 級から 7 級に分けられるなら,各クラスが含む U 数にもよるが,1 級のみを Y = 1 とし,2 級と 3 級を削除して,4 級から 7 級を Y = 2 とするなどである。

　大規模データの扱いについて。最近はアンケート調査をネットを通して行うことで容易に大量の調査データを得ることができるようになった。そのことはすでにグレードつきデータを初めて説明した「2.5 実用ではカテゴリーがふさわしくない場合がある──グレードで表す」の,グレードがふさわしい第 3 のところで述べた。そして,そのための対処法として似たもの同士を 1 つとみなすことによって U の数を大幅に減らせること,その U のデータは調査がカテゴリカルで行われた場合,属性値の構成比をとればいいこと,似たもの同士を発見して括るにはクラスタ分析などが使えることなどもそこに述べた。属性値の構成比をとることは調査データがカテゴリカルにしろグレードにしろ,平均値をとるといってもいい。極小条件の計算はグレードデータの計算となる。

　クラスタ分析は近年マーケティングなどの分野で広く使われるようになった多変量解析のうちの 1 つであり,似たもの同士を括る(クラスタ化する)手法として最もよく使われる手法である。そして「似ている」の程度を選べるようになっているのも便利である。たとえば「似ている」程度を厳しくとって極端に似ているものだけを括ればメンバー個人を U とする場合に近いために,ラフ集合の実行結果は精度がいいが,その代わり U の数を大幅には削減できないことになる。具体的にいうと,クラスタのサイズ(クラスタに含むメンバー数)は 1 個ないし 3~4 個に抑えるというのが 1 つの事例で,そうした場合は U 数は元の調査対象数が 200 だったのを 100 以下に減らす,という程度の削減にしかならない。一方,通常のマーケティング戦略では何万人という大規模データをほんの数個のクラスタに括ることが多くなされている。それほど極端

でないにしろ,「似ている」の程度を下げていけばネットで得た1000個のデータを数十個に括ることもでき,その程度のクラスタ化が実際のラフ集合の実行用データとしてふさわしい。そのとき結果の精度がそれなりのものになるのは止むを得ない。

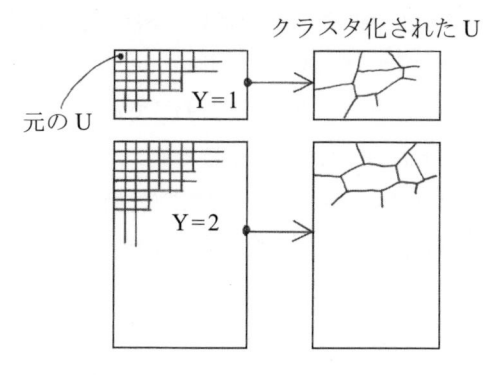

図表6-11　YごとにUをクラスタ化

クラスタ化は元のデータを
$Y=1$と$Y=2$に分けた上でそれぞれについてクラスタ化する（図表6-11）。

または,もし図表6-10のような中間削除によるデータ削減も同時に行いたいならば,図表6-12に示すようにYも属性とみなしてYを含んだデータでクラスタ化する。すると得られたクラスタはYについてもグレードデータであ

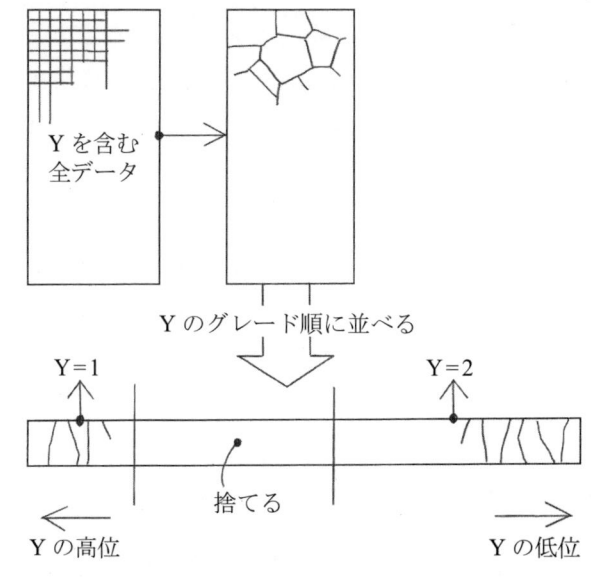

図表6-12　全データのクラスタ化とYのグレードによるUの中間削除

る。全クラスタをYのグレード順に並べ、**図表6-10**と同様に中間のクラスタを削除すれば、クラスタ化によるUの数の削減以外に、中間削除によるUの数の削減という効果もあるわけである。

　以上説明した、多変量解析のクラスタ分析を使って大規模データを扱う詳細については、後に載せる「7. 実施例」の「⑦ 大豆ペプチドを買う人はどこから情報を得て、どんな健康意識を持っているか」「⑧ ファッションに敏感な女性を探る」で理解していただくことにする。

　大規模データの扱いについてはもう1つの簡便な方法がある。上記したクラスタ分析を使う方法はUをクラスタ化することによってUの数を減らしたが、実施例に見るように多くの場合はデータをいきなりクラスタ分析にかけるのでなく、まず数量化3類にかけ、そこで得られるサンプルスコアを使ってクラスタ分析しているが、ここで簡便な方法というのは、そのサンプルスコアをそのまま使うのである。そしてクラスタ分析以下の厄介な作業はしないで済ませる。その手順を以下に述べる。

　数量化3類には属性を集約した「軸」（空間の座標軸の意味）という概念があるが、ここで使うサンプルスコアは、クラスタ分析をする場合と同様に、数量化3類における累積説明率によって何軸までを取るべきかが決まる。多変量解析の本によれば少なくとも50％以上、なるべくなら60％以上の累積説明率に達するまでの軸数をとるように薦めている。実際にやってみればわかるが、4～6軸を必要とすることが多い。「7. 実施例」の「⑦ 大豆ペプチドを買う人はどこから情報を得て、どんな健康意識を持っているか」では4軸までを取っている。

　たとえば5軸までの（5個の）サンプルスコアを使うことになったとする。1000個というような大規模なUのそれぞれが5個のサンプルスコアを持つ数表ができる。ラフ集合を実行するためのデータは

　　　　　　　各Uのサンプルスコアの2乗和を求め
　　　　その大きい順に適当な数のUを採用してあとのUは捨てる

ということで削減するのである。2乗和とは個々のサンプルスコアの2乗を求めて合計したものである。サンプルスコアはプラスのものもマイナスのものもあるが，2乗するからすべてプラスになる。実際の作業はEXCELを使って2乗和を計算し，2乗和の大きい順にUを並べ替えれば簡単である。そして並べ替えた表の上から適当な数のUだけを採用するのである。適当な数とは50とか100とかでよい。クラスタ分析を使った場合と違って，Uを間引きしただけだからグレード化したわけではなくて，データはカテゴリカルのままである。この削減法の実例が「7. 実施例」の「② 中心市街地を活性化するためにはどこに着目すべきか」にあるので，そこのEXCELの表を見ながら理解を確かなものにしてほしい。

　この削減法の意味するところを述べる。数量化3類においてサンプルスコアがある軸（または複数の軸）において大きい（正しくは絶対値が大きい）ということは，そのサンプルがその軸（またはそれらの軸）において平均的なサンプルに比べて違いが大きい，すなわち特徴的であることを示す。数量化3類のサンプル空間でいえば，多次元空間（5軸なら5次元空間）の座標原点からそのサンプルが遠くにあることを示す。したがってサンプルスコアの2乗和が大きいサンプルを集めることは，それぞれ特徴あるサンプルを集めたことになる。それらをラフ集合の極小条件を求めるのに採用することはラフ集合の趣旨にかなうといえる。なぜならラフ集合の極小条件は，いずれかのUを出どころとして属性の特徴を求めることだから，もともと属性を集約した軸において特徴のあるUを選んでデータとした方が，そうでないUも混合してデータとする場合よりも効率よく結果が得られるからである。

　さて，そこまでは良しとして，適当な数を採用すればよいとしたのはあまりに恣意的すぎないか。確かに恣意的だけれども，実用的にはあまり問題とならない。なぜなら極小条件を求めて推論するとき，網羅的にあらゆる極小条件を求めようというわけではなく，「これは使えるな」といった，自分にとって実際の行動に役立ちそうな推論が1つでも2つでも見つかればいいからである。極小条件に取りこぼしがあっても一向にかまわないのである。

6.2 得られた極小条件の扱い

　実際の応用で扱うデータでは，極小条件を算出すると多数の極小条件が出てくることが多い．本書の例でも，はじめの方に挙げた**図表 2-7** の直売所のデータは仮の例であって U がたったの 6 個であったが，それでも**図表 2-10** にあるように極小条件は Y = 1 が 10 個もある．実際の例に近い**図表 4-5** のカメラのデータでは U が 34 個であるが，極小条件は**図表 4-6** を見ると C.I. が低いものをかなり省いて表示しても 15 個もある．極小条件の数が多いと，有用な知識として取り上げたり推論に使ったりする上で，どれを選んだらよいか迷ってしまう．以上はカテゴリカルの場合であるが，グレードの場合は閾値や信頼度を厳しくすれば極小条件は少なくなるとはいえ，本質的には変わらない．

　そこで算出される極小条件の数を少なくする工夫としては

- 目的とする Y の U 数をできるだけ絞る
- 他の Y の U 数をできるだけ多くする

がある．データ全体を Y = 1 と Y = 2 に分類してある場合は，目的とする Y は Y = 1 であり，他の Y は Y = 2 である．他の Y の U 数をできるだけ多くするといっても，もちろん計算可能な範囲でのことである．目的とする Y の U 数が少ないと極小条件が少ないのは，出どころが少なくなるのだから当然である．他の Y の U 数が多いと極小条件が少なくなるのは，相手の U が増えて，そのどれに対しても識別できなければならないからである．条件が厳しくなるからといえる．またそのため，とくに短い極小条件が出にくくなる傾向がある．

　その上で極小条件のどれを選んで有用な知識としたり推論に使ったりすべきかは

- C.I. が高い極小条件
- 短い（属性値数が少ない）極小条件

が原則であることは前にも述べた。

　ここで C.I. が高い極小条件というのは，目的の Y の多くの U に共通する普遍性ある極小条件で，それだけ信頼できるから有用である。たとえば図表 6-2 のクルマのデータからの知識獲得で，N 社の特徴はといえば，N 社のクルマに共通する特徴であって，一部の例外的なものは会社の特徴とはいわないであろう。推論で「N 社らしさ」のあるクルマをデザインしようという場合も，同様に C.I. の高い極小条件を取り上げるべきである。もっとも，図表 4-8 で述べたように，創造の場合はあえて C.I. の低いものを取り上げ，連鎖を作って，新規性ある「N 社らしさ」を創る手もあろう。マーケティングで，ある商品を好む人はどんな価値観を持っているか，その極小条件を求める場合も C.I. の高いものを取り上げるのが正道であるが，ときには C.I. の低いものにも注目して，いわば「少数派の意見」を聴きたいということもあろう。このあたりは平均的なあるいは大づかみ的な知識を得るのが目的の統計的な手法とは異なる，ラフ集合の実行が持つ特長といえる。

　次に短い（属性値数が少ない）極小条件というのは，知識獲得において簡潔な知識として有用性が高いし，何か目的にかなった新しいものを創造するための推論として使う場合にも，極小条件として拘束される属性以外の，自由になる属性が多いという意味で幅広い創造が可能になるから有用である。また併合を作りやすいという利点もある。

6.3　得られた極小条件に実際上無意味なものがあること

　たとえば英会話教室で，半年のコースがあったとする。先生は複数いて，生徒さんは 1 人の先生に付いてもいいし何人かに付いてもいいとする。受講の回数も選べるようにしてある。個々の生徒さんを対象 U とし，何人の先生に付いたか，また何回受講したか，その他のことを，それぞれグレード化した属性として表し，半年後の上達ぶりで成功した人 Y = 1 と失敗した人 Y = 2 に分け

る。$Y = 1$ についての極小条件を計算したところ，付いた先生数のグレードや受講回数のグレードに「〜以下」が含まれている極小条件があったとする。つまり先生数は少ない方がいいとか，回数は少ない方がいいということを意味している。付いた先生が少ない方がいいというのはそういうこともあろうと納得できるが，受講回数が少ない方がいいというのはおかしくないか。現実問題として納得しがたい。しかし，そういう計算結果が出ることはままある。それは，たとえば受講 20 回でダメだった人と 15 回で成功した人がいて，20 回以下の回数の生徒は他にいなかったとき，閾値が 5 回分に相当していると，極小条件の知識表現は「受講 15 回で，かつ…であれば $Y = 1$」で確かに正しいが，推論表現だと「受講 15 回以下で，かつ…ならば成功するだろう」となってしまうわけだ。データ数（U の数）が少なくて 20 回以下の失敗者がいないからそういうことになったのであって，データ数が多ければ避けられることである。

　このことから，知識表現は「以上，以下」をいわなければ，データにある事実をいうのだからつねに正しい。しかし推論の場合は「以上，以下」をいってデータにない範囲を推論するものだから，理屈には合っていても現実問題として考えるとおかしいと思われる場合があるのだ。その場合の極小条件は捨てるべきである。後の実施例に出てくるので確かめてほしい。

　以上，実際に応用する場合の要領，注意を羅列した。計算ソフトを活用するのに必要なだけでなく，極小条件を算出することに含まれるさまざまな性質を理解するのにも役立ったものと思う。つぎの章では実際の応用の事例を紹介する。

7. 実施例

　いままで公刊されたラフ集合関係の書籍とか，あるいはデザインや感性を扱う最近の学会において，ラフ集合を応用した事例はかなりの数が紹介された[10]。それらの多くは結果を日常の問題や，ビジネスとか行政などの実務に使うというよりも，ラフ集合という新しい道具の機能を試したり問題点を調べたりするのを主な目的として紹介していることが多い。しかし本書では実際の日常，ビジネス，行政などの実務上の目的で実施した例を主にして紹介する。

① 学習塾で成績が伸びない子を救うために

　最初に紹介するのは私たちに身近なデータの簡単な例である。前に「1.2 どんな場合に何ができるか」で述べた学習塾の問題の分析である。データとして採用された対象 U は 10 人と少ないうえに，成績が伸びる子は 5 人いるけれども伸びない子は 2 人しかいない。ラフ集合の実行で結論を出すのはいささか信頼性に欠けるが，いたしかたない。塾の先生の話に出てきた，子供についての先生の知識や印象は下記の 9 項目で，これらが分析のための属性であり，分類 Y は子供の成績である。

属性となる 9 項目
　　A：生活環境（親の姿勢）
　　　　A1（よくない），A2（どちらでもない），A3（よい）
　　B：素直さ
　　　　B1（素直でない），B2（どちらでもない），B3（素直だ）
　　C：決めたことは最後までやり抜く

C1（やる気がない），C2（どちらでもない），C3（やり抜く気がある）
　D：基本をマスターしている
　　　D1（マスターしていない），D2（ややしている），D3（十分している）
　E：集中力
　　　E1（集中力なし），E2（ややある），E3（十分ある）
　F：器用さ
　　　F1（器用でない），F2（やや器用だ），F3（十分器用だ）
　G：競争心
　　　G1（競争心がない），G2（ややある），G3（十分ある）
　H：追求心
　　　H1（追求心がない），H2（ややある），H3（十分ある）
　I：健康
　　　I1（あまり健康でない），I2（どちらでもない），I3（十分健康だ）
　分類 Y：成績の伸びた度合い
　　　Y = 1（伸びない），Y = 2（どちらでもない），Y = 3（伸びた）

　先生から聞き出した 10 人の子供についての評価を EXCEL の表に書いていく。聞いただけでは当然ながら欠けているセルがある。そこは当方から質問して聞き出して埋めていく。こうしてできた表が**図表 7-1** である。

　これから極小条件を計算した結果を Y = 3 と Y = 1 の C.I. の高いもののみ**図表 7-2** に示す。Y = 3 は C.I. が 4/5 以上，Y = 1 は C.I. が 2/2 を示す。

　言葉でいうと，たとえば，決めたことは最後までやり抜く気があったこと（C3），あるいは追求心が大いにあったこと（H3），あるいは競争心が旺盛な上に集中力があったか（G3E3）器用であったか（G3F3）または十分に健康であった（G3I3）ならば，成績は伸びた（Y = 3）。成績の伸びたほとんどの子はこれが原因で伸びたといえる。言い換えれば，これらが成績の伸びた子の特徴であり，伸びるための必要かつ十分な条件であった。したがって，これらの条件を満たしさえすればその子は成績が伸びるだろうと推論できる。反対に成績

U	A	B	C	D	E	F	G	H	I	Y
U1	A2	B3	C1	D2	E2	F3	G1	H2	I2	2
U2	A1	B1	C1	D1	E1	F1	G1	H1	I2	1
U3	A3	B3	C2	D2	E3	F3	G2	H2	I3	2
U4	A3	B2	C3	D3	E3	F3	G3	H3	I3	3
U5	A3	B3	C3	D3	E3	F3	G3	H3	I3	3
U6	A1	B3	C3	D2	E3	F3	G3	H3	I3	3
U7	A3	B3	C3	D2	E3	F2	G2	H2	I3	3
U8	A3	B3	C3	D3	E3	F3	G3	H3	I3	3
U9	A1	B1	C1	D2	E1	F2	G2	H1	I2	1
U10	A2	B1	C2	D2	E2	F2	G3	H1	I2	2

図表 7-1 学習塾の子供 10 人の評価

Y=3	C.I.	U4	U5	U6	U7	U8
C3	5/5	*	*	*	*	*
H3	4/5	*	*	*		*
G3E3	4/5	*	*	*		*
G3F3	4/5	*	*	*		*
G3I3	4/5	*	*	*		*

成績の伸びた子

Y=1	C.I.	U2	U9
A1B1	2/2	*	*
A1C1	2/2	*	*
A1H1	2/2	*	*
B1C1	2/2	*	*
H1C1	2/2	*	*
E1	2/2	*	*

伸びなかった子

図表 7-2 学習塾の子供の成績の極小条件

が伸びない子について推論的にいうと，集中力が保てなかったり（E1），あるいは親の姿勢が問題な上に子供に素直さがなかったり（A1B1），親の姿勢が問題な上に子供にやる気がなかったり（A1C1），あるいはやる気がない上に素直さも足りなければ（C1B1），その子は成績が落ちていくだろう（Y = 1）といえる。もちろん，これ以外にも**図表 7-2** からいろいろな条件が読み取れるが省略する。**図表 7-2** をグラフ表現すると**図表 7-3** のように書ける。

　これからわかることは，Y = 3 で重要なのは上記に述べた C3，H3 の他にG3（競争心）がコアに近いものとして重要であること，また Y = 1 で重要なのは上記に述べた E1 の他に A1（親の姿勢）がコアに近いものとして重要だということである。

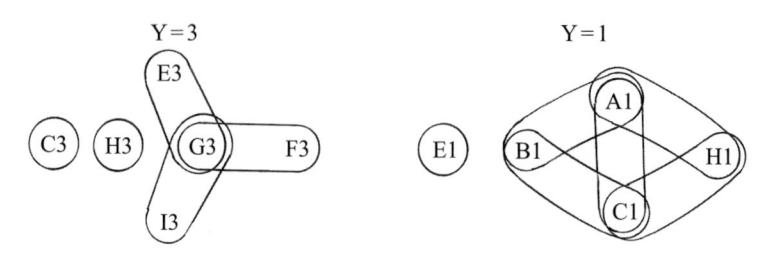

図表 7-3　極小条件のグラフ表現

② 中心市街地を活性化するためには
　どこに着目すべきか [11]

　「1.2 どんな場合に何ができるか」のところで，上田市の中心市街地が衰退しつつあるのを何とか救って元気づけるためにいろいろなイベントを実施していることを紹介した。それとともにイベントの機会を利用してアンケート調査を行って中心市街地に対する上田市民の意識を分析したことも述べた。ここでは具体的にその内容を述べる。

　ここに述べるのはアンケートで得たデータのうちの一部を使ったラフ集合の実行である。しかし実際にはそれ以外にアンケートで得たデータの全部を使ってマーケティングでよくやるようにアンケート回答者の価値観別クラスタ化も行っている。まずそれについて簡単に触れると，アンケートで回答者の購買行動や外出の習慣を聞き出し，年齢，性別，家族構成などのいわゆるデモグラフィック属性と合わせて分析用データとし，多変量解析の数量化 3 類およびクラスタ分析によって回答者のクラスタ化を行った結果，数量化 3 類の 8 軸（累積寄与率 54.9 %）までのクラスタ分析の場合，回答者を 6 つのタイプに分割すればそれぞれかなり特徴あるクラスタとなることがわかった。しかし本題から外れるので，ここではそれ以上は述べない。

　さて本題のラフ集合の実行である。分析の目的は，上田市の中心市街地がど

のような条件を満たしたときに，どのような人たちが「お街」へ来て買い物や飲食をしたいと思うようになるか，を導出することである．「お街」というのはこの地方でいう中心市街地のことである．アンケートの設問全体のなかから，「どのような条件」と「どのような人たち」を合わせた9個の設問と，結果として「お街へ来たいと思うか」の設問を選び，前者を分析用データにおける属性，後者を分類Yとした．以下に示す．

属性となる9個の設問
　A：性別
　　A1（男），A2（女）
　B：年齢
　　B1（50代以下），B2（60代），B3（70代），B4（80代以上）
　C：住まい
　　C1（徒歩で来られるエリア），
　　C2（市街地だが乗り物が必要なエリア），C3（郊外，市外）
　D：何人暮らしか？
　　D1（1人），D2（2人），D3（3人以上）
　E：交通手段
　　E1（徒歩），E2（車：自分で運転），E3（車：家族・知人が運転），
　　E4（電車，バス）
どうなれば，もっと「お街」へ来たいと思いますか？
　K：バスの利便性の充実（料金，本数など）
　　K0（思わない），K1（思う）
　L：買いたいと思う魅力的な商品がある
　　L0（思わない），L1（思う）
　M：参加したいと思う娯楽やイベントがある
　　M0（思わない），M1（思う）
　N：人と集う場がある（サロン，勉強会など）

N0（思わない），N1（思う）

分類 Y となる設問

Y：「お街」へもっと来たいと思いますか？

Y = 1　外出することは好きではない，家の近所の外出だけで満足，とくに行きたいと思わない。

Y = 2　市役所や銀行など，来る用事があるときだけ来たいと思う。

Y = 3　来たいと思うが思うように来ることができない or 興味が持てることがあれば来たいと思う。

対象 U は不完全な回答をした者を除く有効回答者 U1 から U72 までの 72 人である。各人の回答を，ここには載せないが 1 つの表にまとめ，分析用のデータとした。目的は Y = 3 である。そこで Y = 3 の極小条件を計算した結果，C.I. 値の比較的高いものはつぎの 4 個であった。グラフ表現も示しておく（図表 7-4）。

A2C3（C.I. = 13/58）
C3M1（C.I. = 12/58）
A2K1（C.I. = 11/58）
A2B4（C.I. = 10/58）

アンケート前の予想では中心市街地のさびれた現状から推して Y = 3 はそれほどの数ではないと思ってい

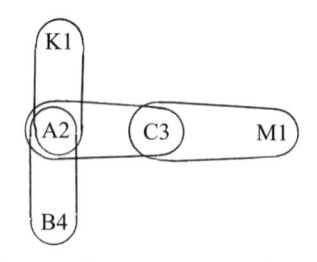

図表 7-4　「お街」の Y=3 の極小条件グラフ表現

たが，実際は 72 人中 58 人とたいへん多く，潜在的な関心の高さをうかがわせるものであった。そうすると 1 つ気掛かりなことがある。前に「6.2 得られた極小条件の扱い」のところで，データは全体の U が多くて目的の Y が少ない方が出てくる極小条件が少なくてよい，目的の Y が多いと極小条件がたくさん算出されて選ぶにも困る，と述べたからである。実際に今回の計算でも膨大な数の極小条件が算出された。そこで，そのなかからどれを選ぶかについては

C.I. 値に頼ることにした。ラフ集合の実行は統計的手法と違って，いわば少数派の意見を拾い上げることができることが特色の 1 つだと「5. ラフ集合の分析と他の分析の比較」のところに書いたけれども，今回はそれは諦め，C.I. 値の高いもの，すなわち多数派だけを取り上げることにしたわけである。上記 4 個を言葉で表現すると

> A2C3 … 女性かつ郊外在住でさえあれば，確実にお街へ来たいと思っている。街へ来た 58 人のうち，13 人はこれが理由で来た。
> C3M1 … 郊外在住かつ参加したい娯楽やイベントさえあれば，確実にお街へ来たいと思っている。同じく 12 人はこれが理由で来た。
> A2K1 … 女性かつバスの利便性が充実されさえすれば，確実にお街へ来たいと思っている。同じく 11 人はこれが理由で来た。
> A2B4 … 女性かつ 80 歳代以上でさえあれば，確実にお街へ来たいと思っている。同じく 10 人はこれが理由で来た。

という言明になる。別のいい方をすると，たとえばいちばん上の A2C3 は，回答者のなかでは「郊外に住んでいる女性でお街に来たくない人は 1 人もいなかった」といえる。また，これらの言明を「確実に」ではなく「おそらく…だろう」と置き換えれば，回答者に限らぬ一般市民に対しても，推論としてほぼ同様の人数比でいえるわけだ。A2C3 から，「郊外に住んでいる女性はおそらくみんなお街へ来たがっている」とわかるし，2 番目の C3M1 から，「郊外在住の人は参加したい娯楽やイベントさえあれば，おそらくみんなお街へ来たがっている」とわかる。

さらに「4. 帰納・仮説設定のための工夫と連鎖の発見」で述べた極小条件の併合を行ってみた。推論の確かさを高めるためである。3 つの案を示す。

> A2C3K1 … 女性かつ郊外在住かつバスの利便性が充実という 3 条件が揃えば，おそらく 58 人中 21 人ぐらいの割合でお街へ来たいと思うだろう。

A3C3K1M1 … 上記にさらに参加したい娯楽やイベントを加えて4条件が揃えば，おそらく58人中22人ぐらいの割合でお街へ来たいと思うだろう。

A2B4C3M1 … 上記の4条件のうちの郊外在住の代わりに年が80歳代以上という4条件としても，おそらく58人中20人ぐらいの割合でお街へ来たいと思うだろう。

ここで何人中何人という数値は，併合前のそれぞれの極小条件の，出どころとなっているUの和集合を数えたものである。

以上，推論の場合に，何人中何人ぐらいの割合でというからにはアンケート回答者が市民全体から無作為にサンプリングされていなくてはならないが，今回はそうではない。「まごの手」のイベントに誘われて来た人たちだから当然偏りがある。そして，そういう人たちだから「参加したい娯楽やイベント」が極小条件に現れる。偏りなくサンプリングされたならば，お街の店舗の印象とか売っている商品のことが極小条件に現れるのかもしれない。そこで実際に筆者らは上記の分析はいわば第1段調査として事前試行したものとみなして，新たに市民全体についての同様の調査を，いわば第2段調査として2012年に実行した。その結果を以下に述べる。

第2段調査は市民全体を対象とするものであるが，本当に全市民というわけにはいかないのでサンプリング調査となる。具体的には全体でほぼ400人程度とすることにし，それを市内の各地区に，ほぼ地区の人口に比例するように割り振った。割り振った数を実際にどの住民を対象として割り当てるかは，各地区には自治会があるので，性別，年齢その他できるだけまんべんなく各層に行きわたるように自治会に選んでもらい，アンケート調査票の配布と回収をしてもらった。有効回答数は388であった。

調査の設問は前記第1段調査のいわゆるデモグラフィック項目AからEを編集し直してQ1〜Q6にまとめ，その他に代えてより具体的な項目のいくつか

を追加した．追加したのは Q7～Q25 であり，各設問には 3～6 個程度の選択肢を設けた．集計の後，主な項目についてはクロス集計を行うことで有用な知見を得ることができた．また，大勢の人たちであって価値観はさまざまであるから，第 1 段調査と同様，数量化 3 類を経てクラスタ分析を行い，クラスタごとに考察した．その結果については本題ではないので省略する．ただ，数量化 3 類にかけたのは全 25 項目のうち下記に示す 11 項目であり，これから述べるラフ集合の実行にも使うのでここに挙げる．なお，クラスタ分析は数量化 3 類にかけて得たサンプル空間の 8 軸までのサンプルスコアを用いた．8 軸までの累積説明率が 58.1 ％とほぼ妥当だったので，そこまでを用いた．

- Q7 ：たとえば休日や，中心市街地の公共施設や金融機関に来たときなど，ゆっくりと商店街を見て歩きたいと思いますか
- Q8 ：街で行われるお祭りやイベントに出かけたとき，商店街で買い物をしたいと思いますか
- Q9 ：たとえば食材を選ぶとき，スーパーなどと比べて少々高くても品質のよい生鮮 3 品が揃っていたり，いろいろな種類の好きな惣菜を都合のよい量だけ買えるようなお店が商店街にあれば行きたいと思いますか
- Q10 ：たとえば洋服や靴やバッグなど，身につける商品を選ぶとき，大型店にないような個性的なもの，品質の優れたもの，おしゃれなもの，アイデア商品あるいはデザイングッズなど，自分の好みの商品を選べる専門店が商店街にあれば行きたいと思いますか
- Q11 ：たとえば時計やカメラを修理したいときや日曜大工で何か作るとき，専門的な知識があって相談できる店が商店街にあれば行きたいと思いますか
- Q13 ：明るい感じのセルフサービスの店や屋台のような，気軽に飲んだり食べたりできるお店が商店街にあれば行きたいと思いますか

Q14： 数回行ったことのあるお店の人が自分のことを覚えていてくれて，好みに対応してくれるような心配りのあるお店が商店街にあれば行きたいと思いますか

Q17： 商店街のなかに，趣味やサークル活動の仲間どうしで気軽に集まれる施設スペースがあればよいと思いますか

Q21： 商店街のなかの駐車スペースや，周辺の駐車場が，買い物のときに共通利用できるサービスがいままでより利用しやすくなれば，もっと商店街の店を利用したいと思いますか

Q22： 商店街への回遊バスなど，バスがいまより使いやすい料金や本数になれば，もっと商店街の店を利用したいと思いますか

Q23： どの方法からだと商店街の情報を得やすいですか（新聞広告やチラシ，タウン誌などの雑誌，ケーブルテレビなどの選択肢）

つぎにラフ集合の実行である。本調査のいちばんの目的は，「いま商店街に来ない人たちがこれからどうすれば来てくれるようになるか」を知ることである。そのため，上記 Q7 の選択肢の 1 つである「いまは来たいと思わないが魅力を感じるようになれば来たいと思うだろう」の回答者を目的の分類である $Y = 1$ に置き，他の選択肢すなわち「すでに（理由があって）来ている」や「商店街がどう変わっても来たいとは思わないだろう」の回答者をひっくるめて $Y = 2$ とする。属性としては上記 11 項目のうちから Q9，Q13，Q14，Q17，Q21，Q22，Q23 を使い，第 1 段調査の B：年齢と，居住年数の 2 項目を加えた 9 項目とした。各属性には 3 個ないし 4 個の属性値を選択肢として設けて回答を得た。このデータから，どういう属性値を持つ人たちならこれから商店街に来てくれそうか，を知るために極小条件を算出するのだが，第 1 段調査のときと違って対象 U の数が 388 と多すぎる。削減しなければならない。

削減法として，ここでは「6.1 データサイズ」で取り上げたデータ削減法のうちの最後に書いた，数量化 3 類のサンプルスコアを使う方法を採用する。すでに数量化 3 類は上記したようにクラスタ分析のために実行済みである。サン

プルスコアも 8 軸まで出ている。本来は数量化 3 類と極小条件計算とで使う属性が同一であるのが望ましいが，今回はあまり違わないので，わざわざ数量化 3 類をやり直すことはしなかった。

クラスタ分析のときと同じ 8 軸までのサンプルスコアは Y = 1 に属する U について示すと図表 7-5 である。ここでは手順を例示するだけとして Y = 2 については省略する。ついで図表 7-6 に示すように，サンプルスコアのすべてを 2 乗し，それらの和を計算し，そしてそれらを大きい順に，言い換えれば降順に並べ替える。右にある U 番号が 384，91，92，…という並びがそれである。この一連の手順は EXCEL で簡単にできる。この並びの上から適当な数だけを取り上げて極小条件算出用のデータとすればよい。ここでは 19 個を取り上げた。表示は省くが Y = 2 についても同様にサンプルスコアの 2 乗，2 乗和，並べ替えを行い，Y = 2 は 80 個を取り上げた。こうして合計 99 個の U で Y = 1 の極小条件を計算した。

算出された極小条件は省き，ここでは言葉でまとめる。極小条件は第 1 段調査のときは 2 個とか 3 個とかの属性値からなるものであったが，今回の極小条

U	1軸	2軸	3軸	4軸	5軸	6軸	7軸	8軸
13	-1.03	0.96	-0.25	-0.33	-0.37	1.22	1.16	-0.56
41	-1.02	0.77	0.16	1.44	-0.46	-1.12	0.11	-1.70
45	-0.70	1.01	-2.31	-0.51	-0.92	-1.16	-0.11	1.52
46	-0.15	0.67	-0.77	-0.36	-0.02	-1.06	-0.53	-1.93
61	-0.83	1.28	-2.61	-0.12	0.31	-0.44	0.07	-0.44
90	-1.29	2.12	0.12	1.09	-0.38	-1.16	-0.24	0.10
91	-1.50	2.83	-0.26	1.21	0.58	-1.03	-0.79	-1.50
92	-1.50	2.83	-0.26	1.21	0.58	-1.03	-0.79	-1.50
100	-1.13	1.89	-0.69	-0.50	-0.72	-1.09	0.59	1.38
113	-0.70	1.01	-2.31	-0.51	-0.92	-1.16	-0.11	1.52
120	-0.90	1.56	-2.25	-0.44	0.21	-0.44	0.30	0.47
124	-0.83	0.35	-0.05	0.48	-1.16	-1.78	0.04	-0.57
⋮	⋮	⋮	⋮	⋮	⋮	⋮	⋮	⋮

図表 7-5 Y=1 サンプルスコア

	スコア 2 乗								2 乗和	U	2 乗和降順
U	1 軸	2 軸	3 軸	4 軸	5 軸	6 軸	7 軸	8 軸			
13	1.06	0.92	0.06	0.11	0.14	1.49	1.35	0.32	5.44	384	21.18
41	1.04	0.59	0.03	2.09	0.22	1.26	0.01	2.90	8.12	91	16.07
45	0.49	1.03	5.32	0.26	0.84	1.35	0.01	2.32	11.63	92	16.07
46	0.02	0.45	0.59	0.13	0.00	1.13	0.28	3.72	6.33	356	16.07
61	0.68	1.65	6.82	0.01	0.10	0.19	0.00	0.19	9.65	365	15.77
90	1.67	4.49	0.01	1.18	0.14	1.35	0.06	0.01	8.92	331	15.17
91	2.26	8.01	0.07	1.47	0.34	1.06	0.62	2.25	16.07	45	11.63
92	2.26	8.01	0.07	1.47	0.34	1.06	0.62	2.25	16.07	113	11.63
100	1.27	3.58	0.48	0.25	0.52	1.19	0.35	1.92	9.55	287	11.60
113	0.49	1.03	5.32	0.26	0.84	1.35	0.01	2.32	11.63	303	9.84
120	0.81	2.44	5.08	0.20	0.04	0.19	0.09	0.22	9.06	61	9.65
124	0.68	0.12	0.00	0.23	1.35	3.19	0.00	0.32	5.90	100	9.55
⋮	⋮	⋮	⋮	⋮	⋮	⋮	⋮	⋮		⋮	⋮

図表 7-6 Y=1 サンプルスコア 2 乗

件は 4 個あるいはそれ以上の属性値からなっていた。そして，それがたくさん算出された。C.I. はどの極小条件も低く，3/19 とか 4/19 であった。ということは，これから商店街に来てもらうには 2 つ 3 つの属性値すなわち商店街の具体的状況を 2 つ 3 つ実現すれば済むというような簡単なものではなく，4 つ（またはそれ以上）の状況を実現しなければならないということ，しかもその状況は対象者によって変わらなければならない，ということを示している。それだけ Y = 1 の人たちを動かすには多様な状況設定が誘因として必要なわけだ。

しかし算出された極小条件の属性値を調べてみると，幸いにして極小条件相互の間に共通のものが多く，つぎの 6 個を取り上げればほぼ全体をカバーできる。

- 商店街のお店のわかりやすい情報がある
- 自分の好みを知ってくれる店がある
- バスがもっと便利になる
- 生鮮 3 品の品質がよい

- コミュニティスペースがある
- 駐車スペースが充実している

　たくさんの極小条件が算出されたといっても，その多くはこれらの属性値群から少しずつ組み合わせを変えながら3個を取り，そしてこれら属性値群とは異なる個別の属性値を1個加えてできていた。多くの極小条件を横断してほとんどに現れる属性値は「商店街のお店のわかりやすい情報がある」である。前に「2.6 ラフ集合論とは」のところで，すべての極小条件に現れる属性値をコアというと述べたが，つまりこれはコアに近いものである。したがって，これが最も重要な属性値である。

　そしてこのコアに近い属性値に，たとえば「バスがもっと便利になる」「自分の好みを知ってくれる店がある」の2個を加えた3個の属性値を実現すれば，$Y=1$ に属する何人かの条件を概ね満たすことがわかった。概ね満たすといったのは，4個目の個別の属性値を無視したので，「2.6 ラフ集合論とは」で述べた上近似に相当するものだからである。また，この人たちとは別の，バスはいらない人たちがいて，代わりに「駐車スペースが充実している」「生鮮3品の品質がよい」の2個を加えた3個を実現すればその人たちの条件を概ね満たす。さらに，もしこれらを包含した5個を実現することができたなら，これは推論になるが，かなり多くの一般住民が商店街に魅力を感じて来てくれるであろう。中心市街地活性化のための着眼点がここにある。

③ クルマメーカーのVI（ヴィジュアルアイデンティティ）戦略

　この例は実務上の目的があって実施したものではなく，筆者らがクルマメーカーのデザイン戦略立案者になったつもりで実施したシミュレーションである。実は前章の「6.1 データサイズ」の説明に用いたデータはここに紹介する事例のものであり，その分析の続きを書くことになる。

世界にクルマを売る 2 大メーカーの N 社と T 社を取り上げ，それぞれが作るクルマの顔のイメージの「N 社らしさ」「T 社らしさ」は CI（コーポレートアイデンティティ）の立場から見てどのように作られているかを分析し，自社の CI 戦略立案に役立てようというのが目的である。個々のクルマのデザインをどうこうしようというのではなく，系列全体のデザインの方針作りだから CI

Y=2	C.I.	U10	U11	U12	U13	U14	U15	U16	U17	U18
A1C2B1	1/9	*								
A1D2B1	2/9	*								*
A1E2B1	2/9	*								*
A1G2B1	1/9	*								
A1E2G1	1/9									*
A1C2F2	1/9	*								
A1B2F2	1/9		*							
C1B2A1	2/9		*			*				
A1B2G1	2/9		*			*				
A1D2G1	3/9		*			*				*
E3A1F2	1/9		*							
F3A1C1	1/9					*				
F3A1G1	1/9					*				
C1B2F2	1/9		*							
F3B2C1	1/9					*				
F3B2G1	1/9					*				
E3C1	2/9		*			*				
E3G1	2/9		*			*				
B1G1D2F2	1/9								*	
C1E2F2G1	1/9								*	
C1D2F2G1	2/9		*							*
B1F1G1	1/9							*		
C1A3	1/9							*		
A3B1	1/9							*		
D1A3	1/9							*		
A3F1	1/9							*		
C1E2D1	1/9							*		
D1F1	1/9							*		
C1F1B1	1/9							*		

図表 7-7 世界のクルマに対する Y=2 極小条件

計画の1つである。そのなかでもヴィジュアルな面でのCIだからVI（ヴィジュアルアイデンティティ）といわれるものである。

クルマの顔を構成する主なもの7属性は前章の図表6-1に，またN社とT社が相手にする世界の主なクルマ60車のデータは前章の図表6-2に示してある。またN社のクルマ9車の極小条件もY＝1の極小条件として図表6-7に出してある。T社のクルマ9車の極小条件は図表6-2からのY＝2の極小条件として算出される。図表7-7に示す。

ここでN社の極小条件とT社の極小条件をグラフ表現してみる。図表7-8がそれである。個々のクルマの特徴が会社のVIに貢献するには少なくとも2つ以上のクルマに共通な特徴である必要があるものと考え，出どころが2つ以上，つまりC.I.が2/9以上の極小条件のみを取り上げてグラフ表現した。

N社は属性値B3すなわち「ボディー造形，グリル，マークでセンターを強調」が極小条件の多くに共通している。つまり近似的なコアとして持っている。したがってN社は，センターを強調したデザインをベースとし，それに他の部分のデザインを組み合わせた，いわばセンター主義を特徴としているクルマが一大グループをなしていることがわかる。それ以外にはそのグループとは関係ない（連鎖のつながりのない）クルマもいくつかあるが，それらはセンター主義からこぼれたものかもしれないし，あるいはデザインポリシーとして

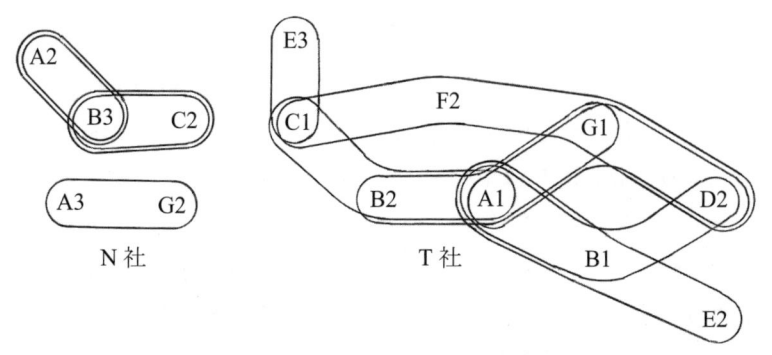

図表7-8　Y＝1（N社）とY＝2（T社）の極小条件グラフ表現
　　　　（C.I.≧2/9を示す。二重線はC.I.＝4/9）

わざと外したものかもしれない。

　これに対しT社の極小条件は複雑である。個々のクルマごとに異なるたくさんの特徴を持ち，構成する属性値も込み入っていて，T社全体としてどこに特徴があるかはひとことではいえない，というのが特徴である。しかし極小条件はばらばらではなく，連鎖状をなしている。「4. 帰納・仮説設定のための工夫と連鎖の発見」の終わりの方で，ヴィトゲンシュタインの取り上げたゲームとか，サルトルのいうユダヤ人を例として，日常語，とくにイメージなどの感性語の場合，全体に共通する概念がなくても具体的な意味が連鎖でつながっていれば漠然とはしているが全体として1つのまとまった意味を持つことができることを述べた。「…らしさ」という言葉はそのような意味構造を持つ典型的な言葉であるに違いない。そんなわけでクルマのユーザーが，T社の特徴を明快にはいえないけれども全体としての「T社らしさ」を感じているのは，この連鎖状のおかげであると思われるのである。デザイン管理によって連鎖状を達成したとすれば，かなりの高度な管理技術といわねばならないし，あるいは無理に管理しなくてもデザイナーたちを互いに適度の距離感のもとに置くことで自然に達成したのかもしれない。

　対照的なこの2社のクルマ群が持つ特徴の構成の仕方は，自社のVI戦略立案にとって役に立つ。現実に市場に提示されているので検証可能な見本なのである。すなわち，具体的な部分デザインを設定して自社の商品群に共通して持たせることで明示的にVIを主張するか，あるいは逆にどこといって全体に共通する部分デザインはないけれどもいくつかの商品ごとに共通する部分デザインを持たせてそれらが連鎖状をなすように計画するという，やや高度なデザイン管理によって暗示的にVIを確立するか。そのどちらをとるかを，見本の2社の市場でのカンパニーイメージで検証して決めるとよい。ちなみに前者の最も簡単な手法は，コーポレートマークを決めて，系列のすべての商品に目立つように付けることである。メルセデスベンツが大きな3点星型マークを全車に付けているのはその例である。

④ 観光地の土産品はどういう人が買うか

　信州の温泉観光地として有名な別所温泉から，観光地としての魅力再発見の事業の一環として，別所温泉で人気のある土産品の販売促進を図るための調査の依頼があった[12]。筆者らはどんな食生活の人がどのような視点で土産品を好んで購入するのかを，別所温泉を代表する6食品について調査し，ラフ集合を使って分析した。その内容を紹介する。土産品は以下の6食品である。

　饅頭／揚げ饅頭／羊かん／七久里煮・山海煮（佃煮）／大根漬け／梅みつ

　これら6食品の試食会を開催し，下記の5項目の設問と，試食の結果としての評価を尋ねた。そして前者を分析用データにおける属性，後者を分類 Y とした。

　属性となる5個の設問
　　A：あなたは食べたことのないような土産品も積極的に買う方だと思いますか？
　　　A1（そう思う）　　　A2（どちらともいえない）
　　　A3（いいえ，知っているものを安心だと思って買う）
　　B：土産品を購入するとき，ダイエットや生活習慣病（予防）への影響に気を遣いますか？
　　　B1（よく気を遣う）　　B2（たまに気を遣うこともある）
　　　B3（いいえ，ほとんど気を遣わない）
　　C：土産品を購入するとき，味覚，独自性，価格について，あなたに最も当てはまると思うものはどれですか？
　　　C1（他でも同じようなものを売っているが，他よりも美味しければ価格が少々高くても買いたい）
　　　C2（他で売っているものに比べ，とくに美味しくなくても価格が割安なら買いたい）
　　　C3（そこでしか手に入らない独自なものならば，価格が高くても買

いたい）

D：土産品のネーミングやパッケージングについて尋ねます。

　　D1（味覚や独自性，価格が気に入れば，ネーミングやパッケージングはあまり気にしない方だ）

　　D2（ネーミングやパッケージングも大切と思う方だ）

E：「土産品」の味覚や安全性について，どのようにして判断し購入しようと思いますか？

　　E1（説明書きで成分や生産方法を読んだり，試食するなど，自分で確かめてから購入しようと思う）

　　E2（自分で確かめなくても，話題性や人からの評判が良ければ購入しようと思う）

分類Yとなる設問

　Y：試食した食品についてそれぞれ当てはまる答えを1つ選んでください。

　　Y＝1：良くないので買わない。

　　Y＝2：あまりいいと思わない，たぶん買わない。

　　Y＝3：ふつうだ。

　　Y＝4：良いとは思うが，買うかどうかはわからない。

　　Y＝5：とても良いので適当な値段なら買っていい。

対象Uは試食会に参加した人のうち有効回答した44人である。6食品とも目的はY＝5である。Y＝5のようになるための指針を得たいからである。食品ごとに回答をまとめてデータとしY＝5の極小条件を計算した。

饅頭についての結果を述べる。Y＝5は25個もあったので，多くの極小条件が算出された。そこでC.I.が9/25以上のものだけを取り上げると下記の4個であった。

　　　B2D2（C.I. ＝ 9/25）　　D2E1（C.I. ＝ 10/25）
　　　C1D2（C.I. ＝ 10/25）　　A1D2（C.I. ＝ 10/25）

最初の B2D2（C.I. = 9/25）を言葉でいうと，「土産品を購入するとき，ダイエットや生活習慣病（予防）への影響にたまに気を遣い」かつ「ネーミングやパッケージングも大切と思う」ならば，確実に饅頭を「とても良いので適当な値段なら買っていい」と高評価した。饅頭を高評価した 25 人のうちの 9 人はこれが理由である。

つぎの D2E1（C.I. = 10/25）を言葉でいうと，「ネーミングやパッケージングも大切と思い」かつ「土産品の味覚や安全性について説明書きで成分や生産方法を読んだり，試食するなど，自分で確かめてから購入しようと思う」ならば，確実に饅頭を「とても良いので適当な値段なら買っていい」と高評価した。饅頭を高評価した 25 人のうちの 10 人はこれが理由である。

以下同様なので省略する。また他の 5 食品については Y = 5 の U 数と C.I. の高い極小条件のみ以下に示す。

揚げ饅頭	Y = 5 … 23 個	C1	A1D1	B2D2	
羊かん	Y = 5 … 24 個	D2	A2	A1C3	A1E1
佃煮	Y = 5 … 23 個	D2	A2C3		
大根漬け	Y = 5 … 16 個	D2	B2	B3	A1C3
梅みつ	Y = 5 … 14 個	A1	C1	E1B3	E1D2

これら 6 食品の極小条件には共通のものもあるので，各極小条件を要素とするベン図を描いてみた。すると**図表 7-9** に示すように 2 つのグループになるこ

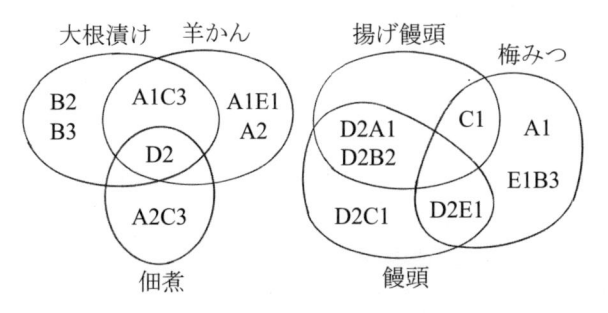

図表 7-9 土産品 6 品の Y=5 の極小条件のベン図

大根漬け　羊かん

ダイエットや
生活習慣病に
たまに気を遣う

食べたことのない
ものもそこだけの
独自のものなら
高くても積極的に買う

食べたことのない
ものを味覚・安全性を
自分で確かめて
積極的に買う

ダイエットや
生活習慣病に
ほとんど無関心

ネーミングや
パッケージは
大切

食べたことの
ないものは
積極的には
買わない

食べたことのないものは
積極的には買わないが
独自のものなら
高くても買う

佃煮

揚げ饅頭　梅みつ

ネーミングや
パッケージは大切とした上で
食べたことのないものも
積極的に買う

他より
美味しければ
少々高くても
買う

食べたことの
ないものも
積極的に買う

ネーミングやパッケージは
大切とした上で
ダイエットや生活習慣病に
たまに気を遣う

ネーミングや
パッケージは
大切とした上で
味覚・安全性を
自分で確かめて
買う

味覚・安全性を
自分で確かめて買う。
ダイエットや
生活習慣病には
無関心

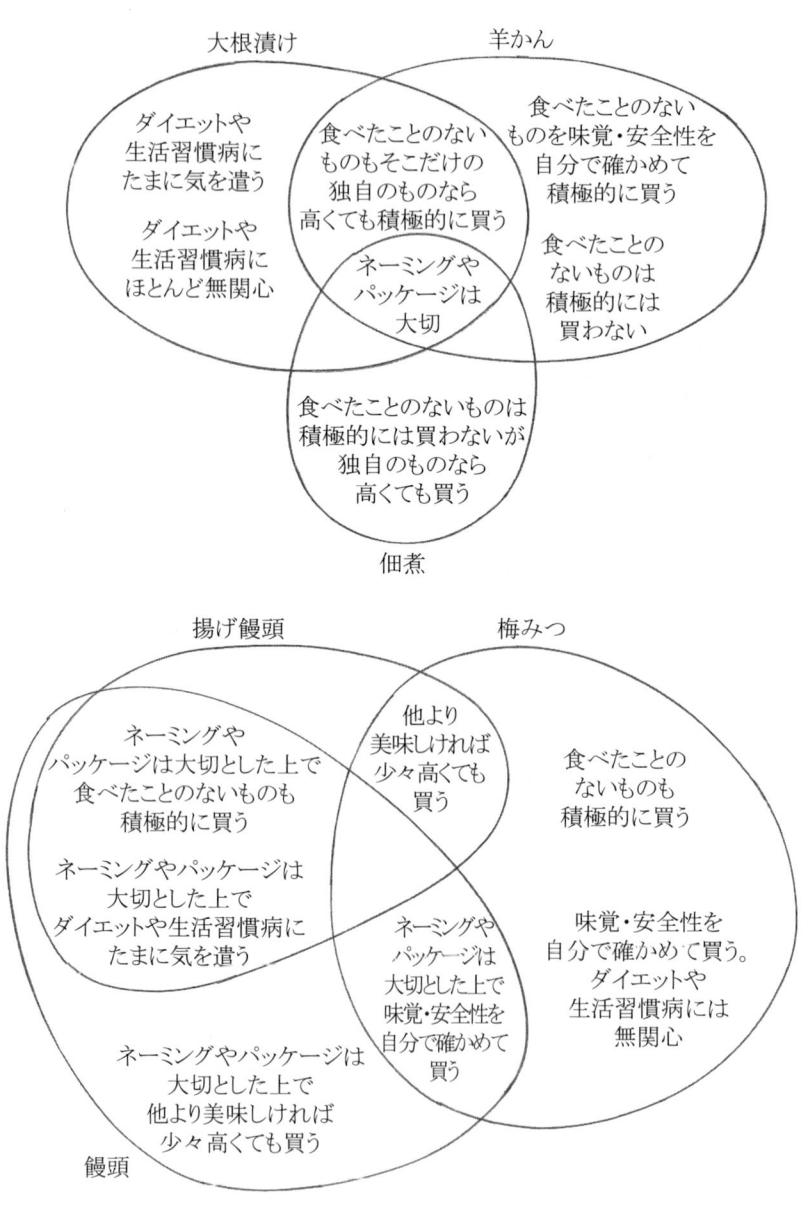

ネーミングやパッケージは
大切とした上で
他より美味しければ
少々高くても買う

饅頭

図表 7-10　土産品6品の「買いたい」極小条件を言葉にしたベン図

とがわかった。

　また極小条件を言葉に置き換えて，それらを要素とするベン図も描いてみた。図表7-10に示す。ここで注意しておきたいのは，たとえば「大根漬け」のところを見ると，ダイエットや生活習慣病に「たまに気を遣う」と「ほとんど無関心」とが共に特徴として入っていて矛盾するように見える。しかし，これは矛盾ではない。「大根漬け」を好む人たちのなかに，互いに相反する特徴を持つ人たちが共存していることを示しているに過ぎない。

　また，極小条件を個々の属性値にばらして属性値が共通な食品数を数えてみた。ちなみに極小条件は構成する属性値の連言（何々かつ何々）で成り立っているのであって，バラバラにすると本来の論理的な意味を失う。しかし出現頻度が大きければそれだけ重要性が高いということはいえるので，考察の1つの視点とはなりうるのである。

D2	ネーミングやパッケージも大切と思う	6食品すべて
A1	食べたことのないものを積極的に買う	6食品中の5食品
B2	ダイエットや生活習慣病にたまに気を遣う	6食品中の5食品
C1	他よりも美味しければ少々高くても買う	6食品中の3食品
E1	味覚・安全性は自分で確かめて買う	6食品中の3食品
A2	食べたことのないものを積極的に買うとはいえない	6食品中の3食品
B3	ダイエットや生活習慣病にほとんど気を遣わない	6食品中の2食品
C3	そこにしかない独自のものなら高くても買う	6食品中の2食品

　以上の結果より，全体的には，土産品を選ぶポイントとして，土産品のネーミング，パッケージが購入ポイントの大きなウエイトを占め，さらには，ダイエットはあまりせず，他所では食べたことのないような珍しい物を好む傾向が強い，ということがいえる。

　個々の土産品を比較すると，各食品を好む人の特徴に違いがあることも確認できた。

⑤ スキンケア化粧品の HP 上のメッセージ戦略[13]

　マーケティング支援とくに商品の PR に豊富な実績を持つ, (株)コムデックス／(株)インテグレートというユニークな会社がある。筆者はこの会社と共同で, 商品の PR におけるメッセージ効果や商品の情報ルートについて, いくつかのプロジェクトを組んで調査分析を実施し, この会社の事業計画に役立つ情報を得てきた。そのうち 3 つの実施例を取り上げ, 以下 ⑤, ⑥, ⑦ に紹介したい。はじめはスキンケア化粧品のメッセージ戦略である。

　女性のスキンケア化粧品は数多くのブランドが売り出されている。値段も効能もよく似たものが多い。メーカーは自社のブランドの説明を HP（ホームページ）に載せて, より多くの女性に認知されようとして苦心している。実際に購入した女性を調べても, HP のメッセージを見て良さがわかったから選んだという人が増えていることがわかっている。スキンケア化粧品の売り上げを伸ばすにはテレビや雑誌の広告も有効であろうが, HP のメッセージの仕方がかなりの影響力を持つものと思われる。そこで本事例では女性用スキンケア化粧品について, 売上高がトップクラスのブランドは HP メッセージが他のブランドとどのように違うかを明らかにし, 自社の商品の HP メッセージの指針作りに役立てる。

　国内市場で販売されたスキンケア化粧品 39 ブランドのうち, HP にメッセージがある主なもの 26 ブランドを対象 U としてデータを作る。メッセージは商品のコンセプトやアイテムを紹介するものであり, それをまずそのまま記録する。その一部を**図表 7-11** に示す。つぎにこれらメッセージを単語レベルに切り分け, 切り分けた単語が表している意味を**図表 7-12** のように記録する。

　これらの意味はそのままデータの属性とするには数が多すぎる。そこで意味をカテゴリーに分類する。分類した結果は, A. 成分に関するもの, B. メカニズムに関するもの, C. 課題に関するもの, D. 効果に関するもの, E. 使用感に関するもの, F. 安心感に関するものの 6 つのカテゴリーとなった。**図表 7-13** に示す。

ブランド名	コンセプト	アイテム説明
エリクシール	さびないひと。肌年齢に自信。ハリのある明るい肌へ。	古い角質や汚れを落として明るい素肌にするメーク落とし。みずみずしい感触のジェルがメークや汚れをサッと落として,明るい素肌にします。
		うるおいを届けて明るさを保つ化粧水。肌になじみやすく,角質層の奥までうるおいが浸透。パーンとハリのある明るい肌を実感。
		うるおいを保ち続けて,もち肌へ導く新・美容液。コクのあるみずみずしさが広がり,瞬時に肌に浸透。すぐさまハリと弾力のあるなめらかなもち肌を実感。朝も夕もうるおいで満たし続ける。
		うるおいをとどめて明るさを保つ乳液。なめらかに肌に広がって,水分・油分のバランスを整えます。ハリとうるおいに満ちた明るい肌をキープします。
		睡眠中に肌の働きを助ける夜用クリーム。肌の働きが活発な睡眠中に集中ケア。うるおいを守り,翌朝,肌に明るさとハリを実感。
SK-2		メイクアップや皮脂などの汚れを素早く落としトリートメントする化粧落とし。トリートメント効果にも優れています。
ヴァーナル	シンプルなスキンケアがヴァーナルの基本姿勢です。あなたのお肌の声に耳を澄ましてください。	カミツレエキス,アロエエキス(保湿成分)配合
		お肌にうるおいを与え,生き生きとさせるウォータータイプのスプレー。細かい霧状のシャワーが素肌に心地良く広がり,みずみずしくハリのあるお肌を保ちます。
		ヒアルロン酸(天然保湿成分)が角質層に保湿基盤をつくり,洗顔後のお肌を乾燥からまもります。

図表 7-11　HP 上のスキンケア化粧品のメッセージ

```
汚れ／明るい／落とす／うるおう／もち肌／浸透／年齢／
ハリ／なめらか／保ち続ける／馴染みやすい／ビタミン／
弾力／守る／みずみずしい／満たす……
```

図表 7-12　メッセージを切り分けた単語の持つ意味

```
シミ／美白／落とす／うるおう／乾燥／植物性／ハリ／
取り除く／使いやすい／馴染みやすい／守る／
ビタミン E ／弱酸性／みずみずしい／満たす……
```

A. 成分	B. メカニズム	C. 課題	D. 効果	E. 使用感	F. 安心感
ビタミン E	取り除く	シミ	うるおう	馴染む	弱酸性
コラーゲン	生み出す	乾燥	美白	使いやすい	植物性
⋮	⋮	⋮	⋮	⋮	⋮

図表 7-13　単語の分類

　1つのブランドについて，コンセプトかアイテムかを問わずメッセージ全体を単語に切り分けて，それぞれを6つのカテゴリーにあてはめる。そうするとそのブランドのメッセージ全体は，たとえば「A. 成分」のカテゴリーなら，そのなかのビタミン E，コラーゲンなどの意味の何種類をカバーしたかという種類数と，何回言及したかという頻度が集計できる。そのようにして6つのカテゴリーそれぞれについて種類数と頻度を集計する。AからFまでの6つのカテゴリーの種類数をそのままデータの属性のAからFとし，AからFまでの6つのカテゴリーの頻度をその順に属性のA*からF*とする。これで属性は12個となった。このようにして作られたデータを図表7-14に示す。たとえば2行目の「SK-2」はA. 成分に関する単語では3種類の意味の種類を合計4回使用したことを示している。ここでは，まだ目的となる売上高を表すYは書いてない。

　つぎにこのデータをグレード化するためにデータの最大値が1，最小値が0となるように換算すればいいのだが，単純に比例的に換算すると問題がある。なぜなら図表7-14は客観的な数値であるが，人が見て認知する程度はその数

7. 実施例　137

対象	属性										
	種類数						頻度				
U ブランド名	A 成分	B メカニズム	C 課題	D 効果	E 使用感	F 安心感	A* 成分	B* メカニズム	C* 課題	D* 効果	E* 使用感	F* 安心感
DHC	5	14	7	17	8	10	16	19	17	22	9	29
SK-2	3	3	2	9	2	0	4	3	5	9	4	0
ヴァーナル	3	5	3	6	1	1	3	6	3	10	1	1
エリクシール	0	10	3	14	4	1	0	12	5	32	4	2
ドモホルンリンクル	19	25	19	12	4	5	35	39	37	23	5	10
レビューフレイヤ	7	6	6	6	8	3	11	6	13	10	8	8
ブランシール	2	5	5	8	5	2	2	5	13	10	6	6
ホワイテス	7	12	8	7	3	2	32	36	29	18	3	3
クリニーク	0	1	2	3	1	1	0	1	2	3	1	1
フェアクレア	0	5	3	7	0	3	0	6	5	10	0	5
ヌクォル	3	8	2	7	6	2	10	13	3	15	7	10
グランデーヌ	0	14	7	16	9	1	0	18	24	39	10	10
薬用リシアル	1	5	3	12	12	1	1	5	5	15	14	6
アクテアハート	0	5	1	15	5	1	0	6	3	26	5	3
エクシア	1	2	1	13	4	0	1	2	1	16	4	0
オードブラン	2	8	11	12	8	1	4	8	25	19	8	7
ラファイエ	1	5	1	7	4	1	2	5	2	7	4	2
ルティーナ	1	12	6	19	8	2	1	16	15	28	14	8
ホワイティア	2	11	4	17	4	1	9	12	19	25	6	4
雪肌精	5	8	6	10	5	2	6	8	8	13	5	4
UVホワイト	1	9	5	14	7	3	3	11	10	21	7	5
リバイタル	2	10	4	14	5	2	6	10	7	23	6	5
ノエビア95	4	8	4	11	9	2	4	10	5	16	7	3
ベネフィーク	1	7	1	9	3	1	1	7	2	15	3	1
フレッシェル	1	5	5	4	2	2	4	10	23	14	2	11
ホワイティシモ	1	4	5	9	3	2	1	5	8	12	3	3

図表 7-14 対象と属性（属性は 6 カテゴリーの種類数と頻度）

値に比例するとは思えず，客観的な数値が増えるにつれ1単位あたりの人の認知度は減ってしまうことは誰にも予想できるからだ。それゆえグレードの1に近いところと0に近いところに均一の閾値を適用するのは不合理である。このことに関して心理学には古くから**フェヒナーの法則**という経験則があり，「人は物理的刺激値そのものでなく，その対数値を感ずる」という。**図表** 7-15 にその概念図を示した。**図表** 7-14 のグレード化もこれに従ってデータを対数化して，いわば認知度のグレードとするのが妥当と思われる。対数化の具体的な方法としては，種類数も頻度も最大値が1に近く，かつ対数の形（逓減の度合い）としては3種（回）で2種（回）分程度の認知効果とすると下記の式となるので，これで変換すればよい。X は種類数や頻度であり，Z は対数に変換された値である。

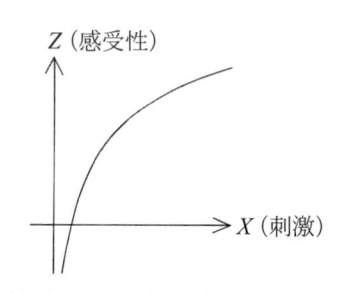

図表 7-15　対数曲線で表されるフェヒナーの法則

$$種類数は \cdots Z = 0.5 \log X + 0.25$$
$$頻度は \quad \cdots Z = 0.45 \log X + 0.25$$

図表 7-16 は変換された新しいデータである。売上高を表す Y を書き加えた。すなわち対象 U を売上高の順に並べ，上位3個を Y = 1，下位21個を Y = 2 とし，途中の2個を削除してから U 番号を付けた。U の数は24となった。途中を削除したのは，前章の「6.1 データサイズ」で**図表** 6-10 を使って説明したように，Y = 1 と Y = 2 の違いをきわだたせるためである。

これより極小条件を算出する。ただし計算ソフトに入力するデータは属性の記号がアルファベット順でなければならないから，A*，B*，C*，D*，E*，F* をそれぞれ G，H，I，J，K，L と書き変えて入力した。閾値を 0.25 として計算を実行した結果，Y = 1 について21個の極小条件が出たが，極小条件を推論に使う場合，無意味なものがあることに気が付く。すなわち，種類数を表す

対象		属性											分類
		種類数						頻度					
U ブランド名		A 成分	B メカニズム	C 課題	D 効果	E 使用感	F 安心感	A* 成分	B* メカニズム	C* 課題	D* 効果	E* 使用感	F* 安心感	Y
U1	DHC	0.60	0.82	0.67	0.87	0.70	0.75	0.79	0.83	0.80	0.93	0.68	0.91	1
U2	SK-2	0.50	0.50	0.40	0.73	0.40	0.00	0.52	0.46	0.56	0.68	0.52	0.00	1
U3	ヴァーナル	0.50	0.60	0.50	0.64	0.25	0.25	0.46	0.60	0.46	0.70	0.25	0.25	1
U4	エリクシール	0.00	0.75	0.50	0.82	0.55	0.25	0.00	0.74	0.56	0.93	0.52	0.38	2
U5	ドモホルンリンクル	0.89	0.95	0.89	0.79	0.55	0.60	0.94	0.97	0.96	0.86	0.56	0.70	2
U6	レビューフレイヤ	0.67	0.64	0.64	0.64	0.70	0.50	0.72	0.60	0.75	0.70	0.66	0.66	2
U7	ブランシール	0.40	0.60	0.60	0.70	0.60	0.40	0.38	0.56	0.75	0.70	0.60	0.60	2
U8	ホワイテス	0.67	0.79	0.70	0.67	0.50	0.40	0.93	0.95	0.91	0.81	0.46	0.46	2
U9	クリニーク	0.00	0.25	0.40	0.50	0.25	0.25	0.00	0.25	0.38	0.46	0.25	0.25	2
U10	ヌクォル	0.50	0.70	0.40	0.67	0.64	0.40	0.70	0.75	0.46	0.78	0.63	0.70	2
U11	グランデーヌ	0.00	0.82	0.67	0.85	0.73	0.25	0.00	0.81	0.87	0.97	0.70	0.70	2
U12	薬用リシアル	0.25	0.60	0.50	0.79	0.79	0.40	0.25	0.56	0.56	0.78	0.77	0.60	2
U13	アクテアハート	0.00	0.60	0.25	0.84	0.60	0.25	0.00	0.60	0.46	0.89	0.56	0.46	2
U14	エクシア	0.25	0.40	0.25	0.81	0.55	0.00	0.25	0.38	0.25	0.79	0.52	0.00	2
U15	オードブラン	0.40	0.70	0.77	0.79	0.70	0.25	0.52	0.66	0.88	0.83	0.66	0.63	2
U16	ラファイエ	0.25	0.60	0.25	0.67	0.55	0.25	0.38	0.56	0.38	0.63	0.52	0.38	2
U17	ルティーナ	0.25	0.79	0.64	0.89	0.70	0.40	0.25	0.79	0.78	0.90	0.77	0.66	2
U18	ホワイティア	0.40	0.77	0.55	0.87	0.55	0.25	0.68	0.74	0.83	0.88	0.60	0.52	2
U19	雪肌精	0.60	0.70	0.64	0.75	0.60	0.40	0.68	0.74	0.83	0.88	0.60	0.52	2
U20	UV ホワイト	0.25	0.73	0.60	0.82	0.64	0.50	0.46	0.72	0.70	0.84	0.63	0.56	2
U21	ノエビア 95	0.55	0.70	0.55	0.77	0.73	0.40	0.52	0.70	0.56	0.79	0.63	0.46	2
U22	ベネフィーク	0.25	0.67	0.25	0.73	0.50	0.25	0.25	0.63	0.38	0.78	0.38	0.25	2
U23	フレッシェル	0.25	0.60	0.60	0.55	0.40	0.40	0.52	0.70	0.86	0.77	0.38	0.72	2
U24	ホワイティシモ	0.25	0.55	0.60	0.73	0.50	0.40	0.25	0.56	0.66	0.74	0.46	0.46	2

図表 7-16 分析用のグレードデータ

属性はグレードが「以上」でも「以下」でも意味があるが，頻度を表す属性はグレードが「以上」は意味があるけれども「以下」は無意味である。Y = 1 ということは製品の良さがよく理解されたはずであり，種類数が少ない方が理解に役立つことがあってもおかしくないが，頻度が少ない方が理解に役立つとは考えにくい。これらは前章の「6.3 得られた極小条件に実際上無意味なものがあること」ですでに述べたことであり，「以上」「以下」で推論する場合は現実の意味を考えて無意味な極小条件は捨てるべきだということを述べた。ということで極小条件のうち，頻度の属性で小文字を含む極小条件を捨てると，つぎの7個となった。ただし記号を元に戻して書くとともに，解釈をしやすくするために属性値を並べ替えて，たとえばA*をFのつぎでなくAのつぎに置くというふうに書いた。

$$U1 \text{ より} \cdots 0.25/0.6a \cdot 0.79A^* \cdot 0.67C \cdot 0.91F^*$$
$$0.25/0.6a \cdot 0.75F$$
$$0.25/0.6a \cdot 0.79A^* \cdot 0.8C^* \cdot 0.91F^*$$
$$U2 \text{ より} \cdots 0.25/0.5A \cdot 0f$$
$$0.25/0.52A^* \cdot 0f$$
$$0.25/0.56C^* \cdot 0f$$
$$U3 \text{ より} \cdots 0.25/0.5A \cdot 0.25e$$

ここでU2より出た3個の極小条件はいずれも0fを含むが，これは1種類の安心感も含まないことを条件とすることを意味するので，これも推論のためには無意味であるから取り上げない。

そうするとU1の3個とU3の1個が残る。グラフ表現すると図表7-17のようになる。

ここでグレードを元の数に戻して書くと，図表7-16と図表7-14を見比べて

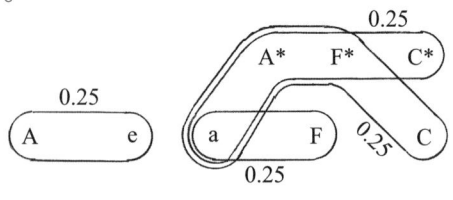

図表7-17　Y=1の極小条件のグラフ表現

$$\text{U1 より} \cdots 0.25/5a \cdot 16A^* \cdot 7C \cdot 29F^*$$
$$0.25/5a \cdot 10F$$
$$0.25/5a \cdot 16A^* \cdot 17C^* \cdot 29F^*$$
$$\text{U3 より} \cdots 0.25/3A \cdot 1e$$

と書ける。この4個から選ぶとしよう。前に「2.4 計算の実用化に際して」のなかで，極小条件の選び方についてコアという言葉を導入しながら説明したように，多くの極小条件に共通して現れる属性は重要であるから，それを含む極小条件ということで，1番目と3番目を取り上げるのがよい。前に説明したのはカテゴリカルデータについてであったが，グレードでも同じことがいえるからである。1番目と3番目の両者を合わせて表現するとつぎのようになる。

「成分を5種類以下かつ16頻度以上とし，課題を7種類以上かまたは17頻度以上とし，安心感を29頻度以上でメッセージを発信しさえすれば，信頼度0.25で売上高トップクラスに並ぶ成績を上げるものと推察される」

また推論だから，たとえばU1の3個の極小条件を併合して

$$0.25/5a \cdot 16A^* \cdot 7C \cdot 17C^* \cdot 10F \cdot 29F^*$$

としてもよく，そうするとつぎのようにいえて確実さの高いいい方となる。しかしC.I.は1/3のままであって増えない。

「成分を5種類以下かつ16頻度以上とし，課題を7種類以上かつ17頻度以上とし，安心感を10種類以上かつ29頻度以上でメッセージを発信しさえすれば，かなりの（0.25の）信頼度で売上高トップクラスに並ぶ成績を上げるものと推察される」

ただし，この推論には飛躍があるのは否めない。なぜなら，ここではスキンケア化粧品のマーケットシェアの要因としてHP上のメッセージを取り上げたけれども，実際にはそれ以外にいろいろな要因があることはいうまでもない。

つぎに本事例に似た事例をもう1つ紹介したい。化粧品に代わって食品を取り上げ，HP上のメッセージに代わって新聞，雑誌，テレビでのPRを取り上げる。

⑥ 食品の売り上げを伸ばすための，新聞，雑誌，テレビのPR戦略[14]

（株）コムデックス／（株）インテグレートとの共同プロジェクトの2つ目に紹介するのは，食品販売のための3大媒体によるPR戦略である。

最近は食品もネット上のクチコミや生産者のメッセージを見て買うことが多くなったが，まだ大勢は店頭で現物を見て買うとか，新聞，雑誌，テレビのPRを見て買う人が大部分を占めると思われる。新聞，雑誌，テレビはいまもPRの3大媒体であり，食品の売り上げを伸ばす大きな要因である。

12個の食品について，3大媒体に取り上げられた詳しい状況と，売上高の推移をデータとして把握した。本来なら数十個のサンプルを対象としなければ信頼性ある分析ができないが，ここでは実務の前のシミュレーションとして紹介する。12個のうち売上高が伸びた食品は，伸びなかった食品と違って，どの媒体でどの程度のPRをしたかをラフ集合で分析する。目的の分類は，売上高が対前年比で一定以上の伸びがあったものを「成功」と見て $Y=1$，あまり変わらなかったものを $Y=2$，対前年比で下がったものを「失敗」と見て $Y=3$ とする。12個の食品のうち $Y=1$ は4個，$Y=2$ は2個，$Y=3$ は6個であった。違いをきわだたせるために $Y=2$ を省いた10個を対象Uとして分析用のデータを作る。分析用データの属性はPR媒体であり，属性値は集団認知度である。集団認知度というのはPRを見た集団における1人1人が見た回数の総和である。言い換えれば「見た延べ回数」のことである。たとえば簡単に10人が3回ずつ，5人が1回ずつ見たとすると

$$10 \times 3 + 5 \times 1 = 35$$

で集団認知度は35である。

これは「1人の見た平均回数」すなわち

$$(10 \times 3 + 5 \times 1)/(10 + 5) = 2.33（回）$$

と「見た人数」すなわち

$$10 + 5 = 15（人）$$

とを別々に計算してから掛けて

$$15 \times 2.33 = 35$$

としても同じである。ここでは，ややこしくなるが後者の計算，すなわち「見た人数」×「1人の見た平均回数」を採る。それは回数については前述の事例と同じ理由で回数そのものではなく認知度に換算するためである。

これらについて調査データを示しながら詳しく説明する。図表7-18，7-19は調査データである。なお，実際には売上は記事の大きさやデザイン，テレビの放映時間などにも大きく左右されるけれども，ここでは考慮しない。

さて，注目すべきは，ここに挙げた媒体がグループに括られることである。1人の人は，全国紙新聞，雑誌，テレビの報道ニュースなどをまたいで見ることはあるだろうが，全国紙新聞を見るならそのうちの1つ，テレビの報道ニュースなら朝昼・夜・深夜のどれか1つを見るというふうに考えても大きな誤りはないだろうと思われる。そこで図表7-18，7-19に示したように媒体をA，B，C，D，E，Fの6媒体群に括り，これらを分析上の属性とする。

属性値となる集団認知度を計算する。Aを「見た人数」(正しくは見る可能性のあった人数) を $N(A)$ とすると，正しくは世帯数というべきだが人数ということにして，たとえばU1の $N(A)$ は図表7-18より（単位の万を省略）

$$\text{U1 の } N(A) = 828 + 1022 + 395 + 304 + 201 = 2446$$

である。D，E，Fについても同様で，媒体群内の発行数または視聴者数の合計である。しかしBやCを見た人数は食品Uごとに取り上げた媒体数が異なる

対象	A 全国紙新聞					D テレビ 報道・ニュース			E テレビ ニュースワイド・ワイドショー			F テレビ 情報・バラエティ			Y
	朝日	読売	毎日	日経	産経	朝・昼	夜	深夜	朝・昼	夜	深夜	朝・昼	夜	深夜	
U1	3	1	2	0	1	3	0	0	4	0	1	11	2	1	1
U2	0	1	0	0	2	1	0	1	17	0	4	5	4	1	3
U3	0	0	0	0	1	1	0	0	3	0	0	1	3	0	3
U4	0	0	0	0	0	6	0	0	3	0	2	2	3	0	1
U5	1	0	0	1	3	0	0	0	3	0	2	2	0	1	1
U6	0	0	1	1	1	3	0	0	3	0	1	3	1	0	3
U7	1	1	0	0	2	1	0	0	4	0	1	1	1	0	3
U8	0	1	0	2	3	0	0	0	0	0	2	1	0	0	3
U9	1	1	0	1	0	0	0	0	14	0	2	7	4	2	3
U10	1	2	1	0	0	0	1	0	4	0	3	4	1	2	1
	828	1022	395	304	201	158	140	140	140	0	175	128	240	87	
	発行数					視聴者数									

図表7-18 食品10種が全国紙新聞とテレビで見られた回数
（発行数と視聴者数の単位は万，Y=1は成功，Y=3は失敗）

対象	B 地方新聞			C 雑誌						Y
	地方・ブロック	産業・業界	夕刊・スポーツ	週刊誌	生活情報誌	ビジネス誌	グラビア誌	読み物誌	趣味・専門誌	
U1	12/3	6/6	6/6	2/2	12/10	0/0	6/5	1/1	1/1	1
U2	3/2	0/0	12/4	1/1	9/9	0/0	3/1	1/1	7/2	3
U3	30/30	0/0	9/9	1/1	1/1	0/0	4/4	0/0	1/1	3
U4	14/14	0/0	0/0	3/3	2/2	0/0	13/13	0/0	1/1	1
U5	60/39	17/11	8/2	2/2	3/3	0/0	1/1	0/0	4/4	1
U6	33/28	17/13	3/3	2/2	1/1	0/0	0/0	0/0	8/8	3
U7	36/30	27/19	7/7	2/2	3/3	0/0	3/3	1/1	6/6	3
U8	30/29	30/23	4/4	3/3	3/3	5/5	3/3	1/1	11/11	3
U9	37/26	0/0	6/3	1/1	9/9	0/0	4/4	0/0	3/3	3
U10	4/4	3/3	21/8	3/3	0/0	0/0	0/0	1/1	4/4	1
	29	10	50	38	26	13	23	16	21	
	平均発行数									

図表7-19 食品10種が地方新聞と雑誌で取り上げられた紙誌数と見られた延べ回数

（たとえば 12/3 は 3 紙が取り上げ延べ 12 回見られたことを示す。
平均発行数は，たとえば地方・ブロック紙が何種類かあってそれ
ぞれ異なる発行部数を持つが，その平均部数を示す。）

U	N(A)	R(A)	N(B)	R(B)	N(C)	R(C)	N(D)	R(D)	N(E)	R(E)	N(F)	R(F)	Y
U1	2446	1.84	447	1.58	488	1.15	158	3	315	2.33	455	4.34	1
U2	1223	1.16	258	2.66	353	1.43	298	1	315	9.78	455	3.71	3
U3	201	1	1320	1	177	1	158	1	140	3	368	2.3	3
U4	0	0	406	1	486	1	158	6	315	2.44	368	2.65	1
U5	1333	1.3	1341	1.72	261	1	0	0	315	2.44	215	1.6	1
U6	900	1	1092	1.17	270	1	158	3	315	1.89	368	1.7	3
U7	2051	1.1	1410	1.18	365	1	158	1	315	2.33	368	1	3
U8	1527	1.66	1271	1.08	573	1	0	0	175	2	128	1	3
U9	2154	1	904	1.52	427	1	0	0	315	7.33	455	4.46	3
U10	2245	1.46	546	2.19	214	1	140	1	315	3.44	455	2.04	1

図表 7-20 媒体群ごとの媒体（視聴者）数と平均回数

ので，たとえば U1 の $N(B)$ は**図表 7-19** より（単位の万を省略）

$$U1 \text{ の } N(B) = 29 \times 3 + 10 \times 6 + 50 \times 6 = 447$$

というように平均発行数に取り上げた媒体数を掛けたものを合計すればよい。C についても同様である。

つぎに A について「1 人の見た平均回数」を $R(A)$ とすると，たとえば U1 の $R(A)$ は**図表 7-18** より

$$U1 \text{ の } R(A) = (828 \times 3 + 1022 + 395 \times 2 + 201 \times 1)/2446 = 1.84$$

というように，発行数にそれぞれの回数を掛けたものの合計を「見た人数」$N(A)$ で割ればよい。D，E，F についても同様であるし，B，C についても同様である。たとえば U1 の $R(B)$ は**図表 7-19** より

$$U1 \text{ の } R(B) = (29 + 10 + 50 \times 6)/447 = 1.58$$

と計算される。こうして得られた数表を**図表 7-20** に示す。

上記の集団認知度は実は妥当な定義ではない。前の事例のスキンケア化粧品のときと同じ理由で，「見る」刺激を「認知度」に変えることで初めて妥当な定義となる。媒体群内で見る回数が増えるにつれ 1 回あたりの認知効果は減衰

すると思われるからである。変換式を

$$Z = 0.75 \log R + 0.25$$

とし，10回見て1回の認知の4倍とした。この程度の減衰が適当と判断したのである。R は見た回数である。R を Z に変えた表を**図表** 7-21 に示す。

　図表 7-20 において R の代わりに Z を使って N に掛ければ集団認知度であるが，数値の大きさをグレードにふさわしいものにするために媒体群ごとに群内の変動幅が1に近い値となるよう，適当な数で割って比例的に縮小した。各 U の集団認知度の相対的な大きさ関係は保たれているから問題ない。こうして

U	Z(A)	Z(B)	Z(C)	Z(D)	Z(E)	Z(F)	Y
U1	0.45	0.4	0.3	0.61	0.53	0.73	1
U2	0.3	0.57	0.37	0.25	0.99	0.68	3
U3	0.25	0.25	0.25	0.25	0.61	0.52	3
U4	0	0.25	0.25	0.83	0.54	0.57	1
U5	0.34	0.43	0.25	0	0.54	0.4	1
U6	0.25	0.3	0.25	0.61	0.46	0.42	3
U7	0.28	0.3	0.25	0.25	0.53	0.25	3
U8	0.42	0.28	0.25	0	0.48	0.25	3
U9	0.25	0.39	0.25	0	0.9	0.74	3
U10	0.37	0.51	0.25	0.25	0.65	0.48	1

図表 7-21　刺激回数の認知度化

U	A	B	C	D	E	F	Y
U1	0.76	0.29	0.88	0.47	0.53	0.73	1
U2	0.25	0.22	0.78	0.37	0.99	0.68	3
U3	0.03	0.53	0.27	0.19	0.27	0.42	3
U4	0	0.15	0.71	0.65	0.54	0.46	1
U5	0.3	0.9	0.41	0	0.54	0.19	1
U6	0.15	0.51	0.41	0.47	0.46	0.34	3
U7	0.41	0.66	0.54	0.19	0.53	0.2	3
U8	0.44	0.55	0.85	0	0.27	0.07	3
U9	0.37	0.55	0.64	0	0.9	0.74	3
U10	0.58	0.44	0.3	0.18	0.65	0.48	1

図表 7-22　集団認知度のグレード化

得たグレードを**図表 7-22** に示す。

　これより閾値 0.2 で Y = 1 の極小条件を算出し，前述の事例と同様の意味で推論にとって無意味な極小条件すなわち「以下」を含む極小条件を削除すると，下記の 7 個が得られた。

$$U1 より \quad \cdots \quad 0.47/0.76A \cdot 0.47D \cdot 0.73F$$
$$0.39/0.76A \cdot 0.73F$$
$$0.35/0.76A \cdot 0.47D$$
$$0.32/0.76A$$
$$U4 より \quad \cdots \quad 0.28/0.71C \cdot 0.65D$$
$$U5 より \quad \cdots \quad 0.24/0.9B$$
$$U10 より \quad \cdots \quad 0.21/0.58A \cdot 0.48F$$

図表 7-23 はこれらのグラフ表現である。

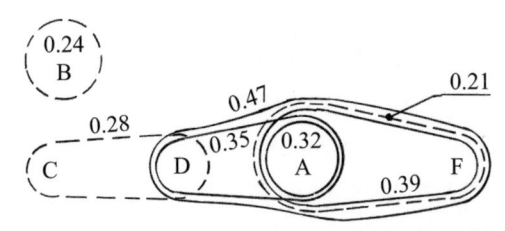

(実線は U1,破線はその他の U,数値は信頼度)
図表 7-23　Y=1 の極小条件のグラフ表現

　信頼度の高さからいって U1 の ADF の組み合わせ，ついで AF の組み合わせに注目する。しかし食品といっても種類が多く，成功した U1, U4, …などは違う種類のものかもしれない。したがって実際に自社の PR 作戦に応用する場合は自社の生産する食品と近い種類の食品で成功したもの，たとえばそれが U1 なら U1 を，U4 なら U4 を出どころとする極小条件に注目しなければならない。ここでは，それが U1 だったとして，上記の 2 番目の極小条件 0.39/0.76A・0.73F を，グレードを**図表 7-20** を使って元の表現に戻していうと

「U1 に近い食品の場合，全国紙の合計 2446 万部以上に平均 1.84 回以上掲載し，かつテレビの情報・バラエティ番組の視聴者合計 455 万人以上に平均 4.34 回以上視聴されるようにしさえすれば，売上は他の成功食品と同等に成功するであろう」

また，これら 10 個の食品が同類のものであって，いずれも自社の製品に競合するものであったならば，上記の 7 個の極小条件はどれも有用であるから併合を試みるのもよい。たとえば上記の U1 の 2 番目の極小条件と U10 の極小条件を併合する。両者は共に AF からなるので，併合しても属性が増えなくて都合がよい。ちなみに C.I. は 2/4 となって，信頼度が増す。併合極小条件は

$$0.21/0.76A \cdot 0.73F$$

である。言葉の表現は省略する。他の併合の例としては上記 U1 の 3 番目と U4 の併合もありうる。

さて，上記の⑤と⑥の 2 つの事例はメーカー側が調べたデータのなかから自社の売り上げに寄与する手立てを推論したのだった。今度は個々の消費者のアンケート調査で得たデータのなかから個人の購買行動を探る。アンケート調査はネットを使って大量に行うので大規模なデータとなる。その場合のデータ処理の一例を紹介する。

⑦ 大豆ペプチドを買う人はどこから情報を得て，どんな健康意識を持っているか[15]

(株)コムデックス／(株)インテグレートとの共同プロジェクトの 3 つ目に紹介するのは，大豆ペプチドを買う人の情報源と健康意識に関する調査である。

サプリメントといわれる健康補助食品がいろいろ販売されている。そのなかに大豆ペプチドがあるが，人はどこから情報を得て，どんな健康機能に魅力を感じたときに大豆ペプチドを買うか，の知識を得たい。より厳密にいうと，大

```
■情報源 12 項
  A 新聞記事    B 新聞広告    C テレビ番組    D テレビコマーシャル
  E 雑誌記事    F 雑誌広告    G 交通広告      H ラジオ番組
  I ウェブ      J 店頭        K 知人,友人     L その他
■魅力を感じる健康機能 5 項
  M 代謝促進,ダイエット              N 肉体疲労回復
  O 集中力,作業効率,学習効果          P 美容,美肌      Q 二日酔い予防
■商品購入経験
  Y=1 購入者    Y=2 非購入者
```

図表 7-24　大豆ペプチド商品購買行動調査項目

豆ペプチドを買う人と買わない人の，情報源の面での違いと魅力を感じる健康機能面での違いについての極小条件を知りたい。そのために一般消費者を対象としてネットを使って大量のアンケート調査を行い，ラフ集合で分析し，知識獲得する。

　アンケート調査の具体的な質問の文言は省略するが，調査項目は**図表 7-24**に示すように，あなたは大豆ペプチドを何で知ったかという情報源に関する 12 項と，あなたは自分の身体がどうあってほしいかという健康に関する 5 項の，合わせて 17 項であり，質問は項目ごとに当てはまるか当てはまらないかを問う。そして分類は大豆ペプチド商品を購入したことがあるかないかを問う。これでラフ集合実行のためのカテゴリカルデータとなる。ネットを使って一般消費者より回答を集め，先着 1000 名分をデータとして採用した。しかしデータのなかには回答に欠落があったりして無効なものがあったので取り除くと，データとして有効なものは 839 人分である。

　巻末に紹介するソフトは 839 個を対象 U として扱うことはできない。そこで，すでに前章の「6.1 データサイズ」のなかで大規模データの扱いについて述べたことを適用する。すなわち，100 を超える大規模データの場合は「似たもの同士」を括ってクラスタとし，1 つのクラスタを 1 つの U とすることによって任意の数の U に変えるのである。クラスタをつくる最良の方法は多変量解析のクラスタ分析を使うことである。クラスタ分析の原理からいって，2

つの対象が同じクラスタのなかにあれば互いにできるだけ似ている（属性値の組み合わせが似ている）ように，そして違うクラスタに属するならばできるだけ似ていないようにクラスタが構成されるからである。クラスタ分析の手順として，データをそのままクラスタ分析するのではなく，カテゴリカルデータの場合は数量化3類にかけてデータを集約してからクラスタ分析する方が明快な結果を得やすいことが知られているので，ここでもその手順をとった。

具体的にはまず839人を購入者 $Y = 1$ と非購入者 $Y = 2$ に分けると，$Y = 1$ は228人，$Y = 2$ は611人であった。それぞれのデータから極端に偏った，異常な回答者を取り除いたのち，別々に数量化3類にかけ，得られた4軸までのサンプルスコアを使ってクラスタ分析にかける。クラスタ数を決めるについては，$Y = 1$ ではメンバー数3以下，$Y = 2$ ではメンバー数2以下のクラスタは切り捨てたときに，$Y = 1$ と $Y = 2$ の合計クラスタ数が100未満になるようにして，$Y = 1$ が17個，$Y = 2$ が76個の合計93個にクラスタ化された。結果的に $Y = 1$ も $Y = 2$ も4～7メンバーのクラスタが大部分を占め，最大は16メンバーであった。クラスタメンバー数が1人とか2人とかのクラスタを切り捨てたのは，そういうクラスタメンバーは似た人がほとんどいない，特異な人だから相手にしなくていい，というふうに考えたわけである。

つぎに93個のクラスタを分析用の対象Uとして U1 から U93 の番号を割り振る。そのデータは各質問項目において，0か1かで答えられた各クラスタメンバーの答えの平均値である。「当てはまる」と答えたメンバーの，クラスタ内での割合といってもいい。こうして元はカテゴリカルであったデータは分析用ではグレードに変わった。データを図表7-25に示す。巻末に紹介するソフトを用い，閾値0.35で（0.35未満ではデータ過大となる）計算を体験できるように全体を掲載した。ちなみにいうと，表のなかの0とか1は，U（クラスタ）のメンバーが揃って同じ答えをしたのであり，2人メンバーのUが互いに異なる答えをすれば0.5，3人メンバーのUの1人が違った答えをすれば0.33とか0.67という数値で示されるわけだ。

	A	B	C	D	E	F	G	H	I	J	K	L	M	N	O	P	Q	Y
U1	0	0	0	1	0	0	0	0	0	0.14	0	0	1	0	0	0.14	0	1
U2	0	0	0	1	0	0	0	0	0	0	0	0	0.2	0.8	0.2	0	0	1
U3	0	0	0.2	0.8	0.2	0	0	0	1	0.6	0	0	0.8	1	0.8	0.8	0	1
U4	0	0	1	1	0	0	0	0	0	0	0	0	0.75	0.25	0	0.25	0	1
U5	0	0	0	1	0	0	0	0	0	1	0	0	1	0	0	0	0	1
U6	0	0	0	1	0	0	0	0	0	0	0	0	1	1	1	0	0	1
U7	0	0	0	0.75	0	0.25	0	0	0	0.5	0	0	1	1	0.5	0.5	0	1
U8	0	0	0	1	0	0	0	0	0	0	0	0	0	0.5	1	0	0	1
U9	0.5	0	1	1	0.75	0.25	0	0	0	0	0	0	0.5	0.75	0.25	0	0	1
U10	0.5	0	0	0	0.5	0	0	0	0	0	0	0	1	0.5	0.5	0	0	1
U11	0	0	0	0.8	0	0	0	0	1	0	0	0	1	0.8	0.2	1	0	1
U12	0	0	0	1	0	0	0	0	0	0	0	0	0.75	1	1	1	0	1
U13	0.25	0	0.75	1	0.25	0	0	0	0	0.25	0	0	0.75	1	0.75	0.5	0	1
U14	0	0	1	0	0	0	0	0	0	0	0	0	0.75	1	0.75	0.75	0	1
U15	0	0.25	0.75	1	0	0	0	0	1	0.25	0.25	0	1	0.5	0.25	0.75	0	1
U16	0	0	0	1	0	0	0	0	0	0	0	0	0	0	0	1	0	1
U17	0.25	0	1	0.5	0.75	0	0	0	0	0	0	0	1	0.25	0	1	0	1
U18	0	0	0	1	0	0	0	0	0	0	0	0	0.83	0	0.17	0.25	0	2
U19	0	0	0.67	1	0	0	0	0	0.33	0	0	0	0.5	0.75	0.33	0.17	0	2
U20	0	0	0	1	0	0	0	0	0	0	0	0	0.56	0.89	1	0	0	2
U21	0	0	0	1	0	0	0	0	0	0	0	0	0.75	1	0.63	0.75	0	2
U22	0	0	0	1	0	0	0	0	0	0	0	0	0	1	0	0	0	2
U23	0	0	0.83	0.67	0	0	0	0	0.17	0	0	0	1	0.83	1	0.67	1	2
U24	0	0	0	1	0	0	0	0	0	0	0	0	1	1	1	1	1	2
U25	0	0	0.8	0	0	0	0	0	0.2	0	0	0	0	0	0	0.4	0	2
U26	0	0	1	0	0	0	0	0	0.2	0	0	0	0.8	0	0	0.4	0	2
U27	0	0	0.4	0	0	0	0	0	0.6	0	0	0	0.4	1	1	0	0	2
U28	0	0	0	1	0	0	0	0	0.33	0	0	0	0.67	0.67	0.67	0	1	2
U29	0	0	0.67	0	0	0	0	0	0.33	0	0	0	0.33	0	1	0	0	2
U30	0	1	0.67	1	0	0	0	0	0.33	0	0	0	0.33	1	0.33	0.33	0	2
U31	0.08	0	0.33	0.58	0	0	0	0	0.08	0.08	0	0	0.42	0.67	0.33	0.08	0.17	2
U32	0.13	0	0.38	0.50	0.13	0.13	0	0	0	0.25	0	0	0.38	0.63	0.25	0.13	0.13	2
U33	0	0.14	0.43	0.43	0	0	0	0	0.43	0.14	0	0	0.43	0.71	0.57	0.14	0	2
U34	0.14	0.14	0.29	0.43	0.14	0	0.14	0	0.14	0	0.29	0	0.57	0.43	0.29	0	0.14	2
U35	0	0	0.14	0.71	0	0	0	0	0.43	0.14	0	0	0.43	0.86	0.29	0	0.29	2
U36	0.14	0.14	0.14	0.86	0.14	0.14	0	0	0.29	0	0	0	0.57	0.29	0.43	0.14	0.29	2
U37	0	0.17	0.50	0.67	0	0	0	0	0	0.17	0	0	0.33	0.83	0.17	0	0	2
U38	0.17	0.17	0.5	0.5	0.17	0	0	0.17	0	0.17	0	0	0.67	0.83	0.5	0	0.33	2
U39	0	0	0.4	0.6	0.2	0.4	0	0	0.2	0	0	0	0.2	0.8	0.8	0.4	0.6	2
U40	0.4	0	0.4	0.6	0	0	0	0	0	0.2	0	0	0.2	0.6	0	0.2	0.2	2
U41	0.25	0.25	0.5	0.25	0	0	0.25	0	0.25	0	0	0	0.5	0.75	0.25	0	0	2
U42	0	0	0.5	0.75	0	0	0	0	0	0	0	0	0.5	0.5	1	0	0	2
U43	0	0.25	0.5	0.5	0	0	0	0	0	0	0	0	0.5	0.25	0.25	0	0	2
U44	0.33	0	0	0.67	0	0	0	0	0.33	0	0	0	0.67	0.67	0.67	0	0	2
U45	0	0.33	0.33	0.67	0	0	0	0	0.33	0	0	0	0.33	0.33	0	0.33	0	2
U46	0.13	0.13	0.38	0.56	0	0	0	0	0.25	0.06	0.06	0	0.5	0.63	0.56	0.13	0.13	2

(次ページへ続く)

図表 7-25 大豆ペプチド商品購買行動分析用データ

U47	0.2	0.4	0.2	0.2	0.3	0.4	0	0	0.2	0	0	0	0.5	0.8	0	0	0	2
U48	0.2	0.2	0.3	0.3	0.2	0.1	0.1	0.1	0.4	0.1	0.1	0	0.4	0.5	0.6	0.2	0.4	2
U49	0	0	0.5	0.63	0.38	0	0	0	0.13	0.25	0.13	0	0.88	0.63	0.75	0.88	0.13	2
U50	0	0	0	0.83	0.17	0	0	0	0.17	0.17	0	0	0.83	0.33	0.33	0.67	0.17	2
U51	0	0	0.33	0.83	0.17	0.17	0	0	0.17	0.17	0	0	0.83	0.5	0.33	0.67	0	2
U52	0	0	0.2	1	0.2	0	0	0	0	0	0	0	1	1	1	1	0.2	2
U53	0	0	0.2	0.8	0.2	0	0	0	0	0	0	0	0.6	0.6	0.6	0.8	0.2	2
U54	0	0	0	0.75	0	0	0	0	0.25	0	0	0	1	0.25	0.25	1	0.25	2
U55	0	0	0.25	0.75	0	0	0	0	0.5	0	0	0	0.5	0.25	0.25	0.75	0.25	2
U56	0.25	0	0.5	0.75	0.25	0.25	0	0	0.25	0	0.25	0	0.5	0.5	0	0.5	0	2
U57	0	0	0	1	0	0	0	0	0	0	0	0	1	1	0.67	1	0	2
U58	0	0	0	0.67	0	0	0	0	0.33	0	0	0	0.67	0.33	0.33	0.33	0	2
U59	0	0	0.33	0.67	0	0	0	0	0	0	0	0	0.67	0.67	0.33	0.67	0	2
U60	0	0	0.33	1	0	0	0	0	0	0.33	0	0	1	0.67	0.33	0.67	0	2
U61	0	0	0	1	0	0	0	0	0	0.67	0	0	1	0.33	0	0.67	0.33	2
U62	0	0	0.14	0.79	0.21	0	0.07	0	0.14	0	0.07	0	0.71	0.5	0.36	0.93	0.07	2
U63	0	0	0.25	0.88	0.13	0	0	0	0.13	0.13	0	0	0.75	0.63	0.38	0.63	0.13	2
U64	0	0	0.29	0.71	0	0	0	0	0.14	0.14	0	0	0.57	0.57	0.43	0.71	0	2
U65	0	0.17	0.17	0.67	0	0	0	0	0	0	0.17	0	0.17	0.33	0.33	1	0	2
U66	0	0	0.33	0.67	0	0	0	0	0.33	0.17	0	0	0.83	0.67	0.5	0.83	0	2
U67	0.17	0.17	0.33	0.33	0	0	0	0	0	0.17	0.17	0	0.83	0.67	0.33	0.67	0.17	2
U68	0	0	0.4	0.6	0	0	0	0	0	0	0	0	0.8	0.4	0.4	0.6	0	2
U69	0	0	0.5	0.25	0.25	0	0	0	0.75	0	0	0	0.75	0.25	0	0.75	0	2
U70	0	0	1	0	0	0.25	0	0	0.25	0	0	0	0.25	1	0.75	0.75	0	2
U71	0.25	0	0.5	0.75	0	0	0	0	0	0	0	0	0.5	0.75	0.25	0.75	0.25	2
U72	0	0.25	0.75	0.25	0.25	0	0	0	0.5	0.25	0	0	0.75	0.5	0.75	1	0	2
U73	0	0.25	0.25	0.75	0	0	0	0	0	0	0	0	0.75	1	0.75	1	0.25	2
U74	0	0	0.67	0.33	0	0	0	0	0	0	0	0	1	0	0	0.67	0	2
U75	0	0	0.33	0.67	0	0	0	0	0.33	0	0	0	0.67	0.33	0.33	0.67	0.33	2
U76	0	0	0	1	0	0	0	0	0	0	0	0	0.67	0.33	0	0.67	0	2
U77	0.33	0	0.33	0	0	0	0	0	0.33	0	0	0	1	0.33	0.67	0.67	0	2
U78	0	0	0.33	1	0.33	0	0	0	0	0	0	0	1	0	0	0.67	0.33	2
U79	0	0.07	0.29	0.71	0.07	0.14	0	0	0.14	0	0	0	0.5	0.43	0.29	0.64	0	2
U80	0.15	0	0.15	0.69	0.08	0.08	0.08	0	0.08	0	0.08	0	0.77	0.46	0.38	0.54	0.08	2
U81	0	0	0.57	0.14	0.14	0.14	0	0.14	0.14	0.14	0	0	0.57	0.29	0.14	0.86	0	2
U82	0	0.29	0	0.43	0.29	0.29	0	0	0.29	0	0	0	0.57	0.43	0	0.57	0	2
U83	0	0	0.33	0.67	0.17	0.17	0	0	0.17	0.17	0	0	0.67	0.33	0.5	0.5	0.17	2
U84	0.17	0	0.67	0.5	0	0	0	0	0.5	0	0	0	0.67	0.33	0.67	0.67	0	2
U85	0	0	0.6	0.8	0	0	0	0.2	0.2	0	0	0	0.6	0.8	0.8	0.6	0.2	2
U86	0	0.6	0.2	0.2	0.2	0	0	0	0.2	0.6	0	0	0.6	0.6	0.2	0.4	0	2
U87	0	0.25	0.25	0.25	0	0	0	0	0.5	0.25	0.25	0	0.75	0	0	0.5	0	2
U88	0.25	0.25	0	0.75	0.25	0	0	0	0	0	0	0	0.5	0.5	0.25	0.25	0.25	2
U89	0.33	0.33	0.33	0.33	0.33	0.67	0	0	0.33	0.33	0.67	0	0	0.67	0.33	0.33	0	2
U90	0.33	1	0.67	0.67	0	0	0	0	0.33	0.33	0	0	0.33	1	0.67	1	0	2
U91	0	0	0.67	1	0.33	0.33	0	0	0	0.67	0	0	0.67	0.67	0.33	0.67	0	2
U92	0	0.33	1	0.67	0	0.33	0	0	0	0.67	0	0	0.67	0	0.33	0.33	0	2
U93	0	0	0	1	0	0	0	0	0	0	0	0	0.33	0.33	0.67	0.67	0	2

(図表 7-25 終わり)

これから購入者 Y = 1 の極小条件を閾値 0.35 として計算し，得られた結果を信頼度 0.5 以上に限って示すと以下の 8 個となる．そのグラフ表現は**図表 7-26** である．

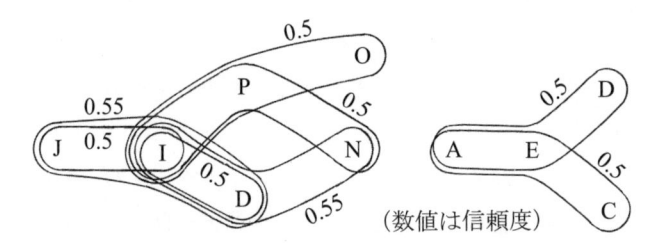

0.55/0.8D・1I・0.6J　　0.55/0.8D・1I・1N
0.5/0.8D・1I　　　　　0.5/1I・0.6J
0.5/1I・1N・0.8P　　　0.5/1I・0.8O・0.8P
0.5/0.5A・1C・0.75E　 0.5/0.5A・1D・0.75E

図表 7-26　Y=1 の極小条件のグラフ表現

第 1 行目の極小条件 2 個は最も信頼度が高い．この 2 個をまとめて言葉で表現すると

「I ウェブで確実に見て，D テレビコマーシャルでもほぼ確実に見た人が，さらに J 店頭でかなり見たかあるいは N 肉体疲労回復にはっきり魅力を持っていたならば，大豆ペプチド商品を買った」

第 2 行目の極小条件 2 個は信頼度が下がった代わりに条件となる属性が 2 個で済んでいるし，それも第 1 行目の極小条件の属性の一部からなっていることに注目したい．最後の第 4 行目の極小条件 2 個をまとめて言葉で表現すると

「A 新聞記事である程度見て，E 雑誌記事ではほぼ確実に見た人が，さらに C テレビ番組で確実に見たかあるいは D テレビコマーシャルで確実に見たならば，大豆ペプチド商品を買った」

余談になるが，筆者は協力先のPR会社の経営者から「どんな商品も3つの情報源から説明を聞くと信頼して買う気になるものらしい」と聞いたことがある。経験豊富な経営者のすぐれた洞察であるが，上記の極小条件はほとんどが3つの情報源からなっており，経営者の洞察を裏付ける結果となった。

上記8個の極小条件は小文字を含んでいないが，計算では小文字を含むものも算出されたが，除外した。このことについて，ひとこと言い訳したい。小文字はあるグレード「以下」であることが条件であることを示している。すなわち小文字を含む極小条件は，買わなかった人よりも情報が少ないか，または健康への関心が少ないことによって，買うグループに入ったことを示している。実際にそういう人はいるはずだ。試しに小文字を含む極小条件の出どころのUのメンバーを見てみると，比較的若い人に多かった。若い人は決心が速くて，少しの情報で買ってしまうのだろう。ともかく小文字を含む極小条件も知識としては有用であることは確かである。しかし，ここでは知識をPR会社の作戦へ応用する場合をもっぱら考え，情報にあまり依存しない衝動買いの人は相手にせず，情報によって十分納得して買う人を相手にし，その場合はどの情報源をどのくらい発信したらいいかという立場になるので，「以下」は考慮の外に置いたわけである。

⑧ ファッションに敏感な女性を探る[16]

第1章の「1.2 どんな場合に何ができるか」のところで，商品のマーケティング計画に活用した例として，株式会社ハー・ストーリィ（以下HS社）と筆者らの共同の調査について簡単に紹介した。ここでは詳細を述べる。

近年，女性の社会進出がますます活発になり，そのことは2007年に50％だった専業主婦は2012年には30％となったことにも表れている。それに伴って女性の生活スタイル，価値観，消費行動などが変化してきている。それを捉えるべくHS社は定期的にインターネットを通じた1000人規模の調査を実施している。ここに述べるのはその2012年版である。

調査分析のプロセスを述べる．まず女性対象のマーケティングに関係あると思われる女性の生活スタイル，価値観，消費行動について，44項目の質問項目とカテゴリカルな回答選択肢を設定し，ネットを通じて1000人の回答を得た．

つぎに多様化している価値観が反映した多様な回答を，現在のマーケティングの常識に従い，似たパターン同士で7つのタイプにクラスタ化した．方法は一般的によく使われる方法，すなわち回答を表にまとめてデータとして数量化3類とクラスタ分析を使う方法をとった．その間，不完全な回答や，一貫性に乏しい雑音的な回答を削除して，分析の対象は半数程度となった．数量化3類に用いた項目は全44項のうちの主なもの15項目である．以下に示す．Q番号は全44項の一貫番号であり，…のあとに選択肢の数と概要を示す．

- Q1 職業を教えてください…フルタイム勤務から無職まで5個，単数回答．
- Q2 年齢を教えてください…20歳代から50歳以上まで4個，単数回答．
- Q4 パートナー（夫，彼）はいますか…いる，いない，欲しい，必要ないの4個，単数回答．
- Q6 世帯年収を教えてください…300万円未満から1000万円超まで6個，単数回答．
- Q7 自分の年収を教えてください…103万円未満から800万円超まで4個，単数回答．
- Q8 いちばん下の子の年齢は…子はいない，3歳以下から社会人まで6個，単数回答．
- Q11 ファッションについて伺います…ファッションに敏感で流行のものを身につけるのが好き，ほどほどに流行に乗る，流行にとらわれずに自分流で，ファッションに興味ないの4個，単数回答．
- Q12 私は（　）です…私は私，（職業名），私は母，私は妻，私は主婦，その他の6個，単数回答．

Q17 自分にとって大事なもの…お金や仕事，家族・夫婦・子供・ペット，自分の将来や自分らしさ，健康・平穏，刺激的，その他の6個，複数回答。

Q19 自分のために最もお金をかけていることは…美容，服装，ダイエット，健康食，資格取得など16個，複数回答。

Q27 休日・余暇の過ごし方は…家でのんびり，友人・知人と過ごす，家族や夫と過ごす，習い事，家事，その他の6個，単数回答。

Q32 食事について…季節の行事など演出，コンビニのお惣菜か外食が多い，自分で料理することが多い，家でお酒を楽しむの4個，複数回答。

Q40 国の政治・時事に興味がありますか…ある，ないの単数回答。

Q41 いま社会的に最も関心があることは…環境，雇用・経済，教育，福祉・年金，税，その他の6個，単数回答。

Q42 自分が最も幸せを感じるのは…日常の小さな変化で安定，仕事や夢の実現，家族への奉仕の3個，単数回答。

分析の結果を視覚化するために，数量化3類の1-2軸サンプル空間にカテゴリー空間を重ねて表示した上で，布置されたサンプル（回答者）が7つのクラスタに括られる様子を表示した。**図表7-27**がそれであるが，一般発表用のために各タイプの特徴を表す修飾を施してある。

これで例年と同じ目的は達したのだが，今回は新たにラフ集合を使った分析をつぎに行って，以上のような大づかみの統計的知識獲得より踏み込んだ，個別で具体的な知識獲得を目指した。

プロセスは以上である。これからラフ集合の実行を述べる。目的は上記15個の項目にもあるQ11「ファッションについて伺います」の選択肢の「ファッションに敏感で流行のものを身につけるのが好き」な人は，どのような特徴を持つか，をラフ集合で明らかにすることである。この選択肢を回答とした人をラフ集合のデータのY＝1とする。

7. 実施例　157

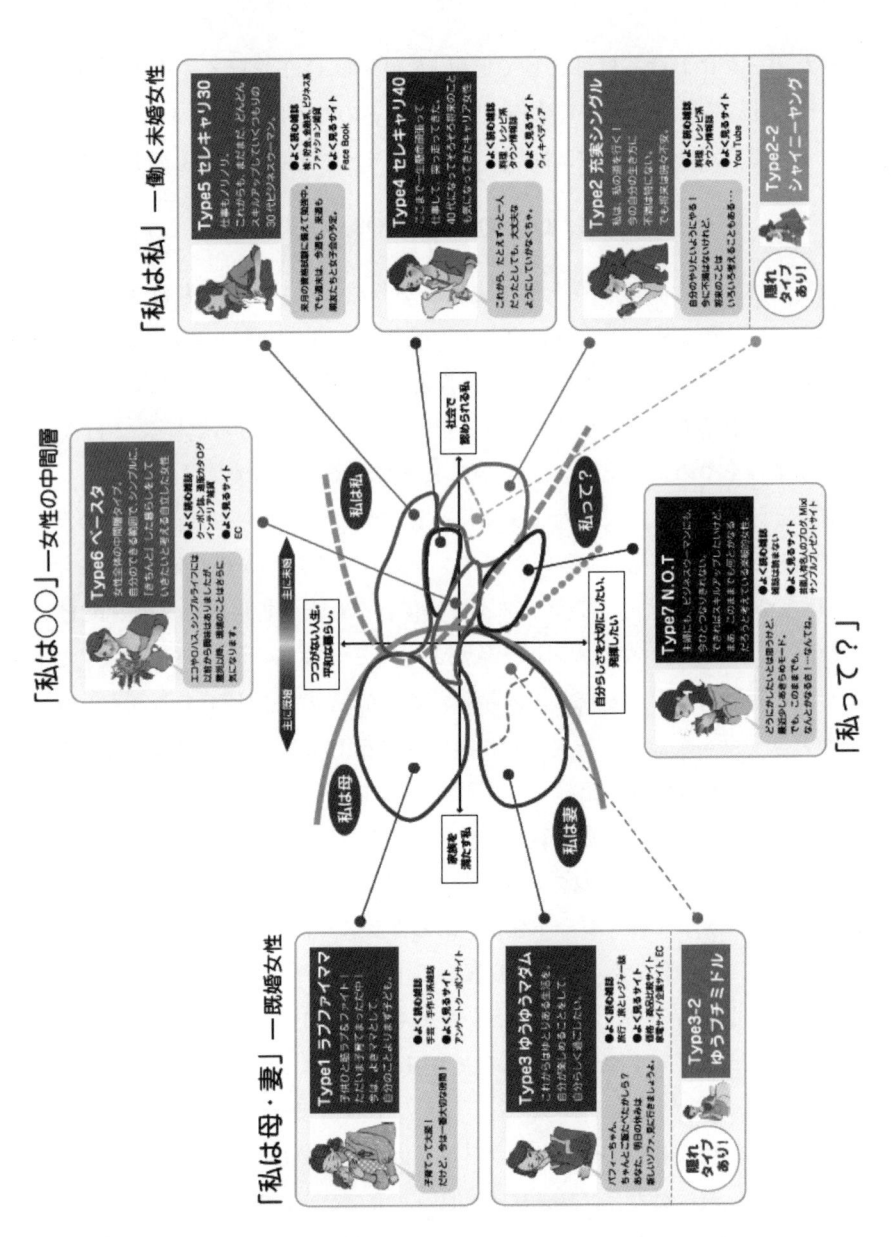

図表 7-27　2012 Her Style 7タイプ一覧（提供：株式会社ハー・ストーリィ）

またデータにおける属性として上記 15 項から Q11 を除くすべてを用いると，後に述べるように項目によっては複数回答のために選択肢がそのまま項目となるので，かなり多数の属性数となってしまう。そこで主なものとして

Q1, Q2, Q6, Q7, Q8, Q17

を選び属性とした。初めの 5 個は選択肢が多数だが，いずれも順序ある単数回答なので，後に述べるようにグレード化したときには各 1 個の属性となる。Q17 は順序のない複数回答なので，後に述べるようにグレード化によっても選択肢の数すなわち 6 個の属性となる。結局，データにおける属性数は 11 である。Q 番号をやめ，上記の順に A から K までの記号を付す。

何百という人を対象にしたままでは計算に乗らないから，前記の ⑦ の大豆ペプチドの場合と同様，上記のクラスタ分析の結果を用いてクラスタ化をずっと細かいレベルで行い，72 クラスタを得て，それを分析用データの対象 U とした。そのときクラスタメンバー数が 1 とか 2 の極端に小さいクラスタはメンバーが特異な人だとみなして削除したのも前記 ⑦ と同様である。もともとはカテゴリカルだったデータだが，クラスタを U とすることによってグレードデータに変わるのも前記 ⑦ と同じ理由からである。

グレード化を具体的に述べると，まず選択肢が 0 か 1 のときはメンバーについての平均値がクラスタのグレード値となる。分類 Y もまたグレード化される。たとえば Y = 1 のグレード値は，あるクラスタに属するメンバーを調べて Y = 1 の者に 0，他の者に 1 を割り振って平均をとればよい。メンバーのうちの Y = 1 でない者の割合をとる，といってもいい。たとえばメンバー 5 人のクラスタがあって Y = 1 が 4 人，他の Y が 1 人であれば，そのクラスタの Y は 0.2 である。全員が Y = 1 なら，クラスタの Y は 0 である。また，属性において，選択肢が複数あってそのなかから単数回答あるいは複数回答するという属性の場合は，選んだカテゴリーに 1，他のカテゴリーに 0 を割り当てて，選択肢ごとに平均をとるから，それぞれの選択肢が属性と化し，1 つだった属性が複数になる。図表 7-28 左に例示した。ただし選択肢が複数あっても年齢を問

U1のメンバー	Q17 自分にとって大事						U1のメンバー	Q2 年齢					グレード割り付け
	金・仕事	家族など	自分の将来	健康・平穏	刺激的	その他		20代	30代	40代	50以上		20代 30代 40代 50以上 ↓ ↓ ↓ ↓ 0 0.3 0.7 1
1	1	0	1	1	1	0	1	1				0.3	
2	0	0	1	0	1	0	2			1		1	
3	0	1	1	1	1	0	3		1			0.7	
4	0	1	0	0	0	0	4	1				0	
5	1	0	0	1	1	0	5	1				0.3	

平均をとる

U1	0.4	0.4	0.6	0.6	0.6	0

平均をとる

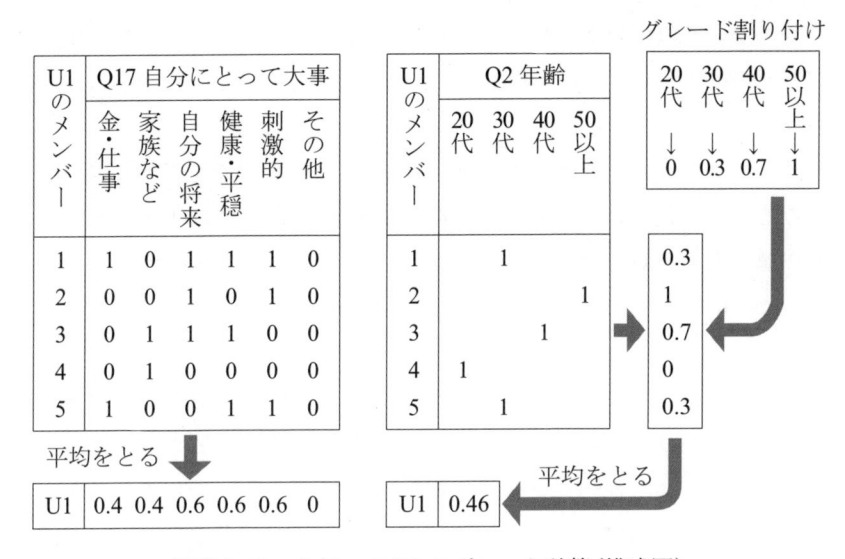

U1	0.46

図表 7-28 クラスタ U1 のグレード計算（模式図）

う場合のように順序ある選択肢の単数回答の場合は，**図表 7-28 右**に例示したように順序ある選択肢に 0 から 1 までのグレードを割り付け，平均をとることによって 1 つの数値になるから，1 つの属性のままで扱うことが可能である。

　前記 ⑦ では先に人を Y = 1 と Y = 2 に分けてから，それぞれに属する人をクラスタ化したが，ここでは先に全員をクラスタ化した点が違っている。分けてからクラスタ化した方が識別が明快でいいのだが，分けたときに目的とした Y の分析にしか使えず，別の目的で分析しようというときは新たに人について Y の分類をしたうえで，クラスタ化をやり直さなければならない。逆に全員をクラスタ化してからクラスタについて Y の分類をしようとすると，必ずしもメンバーすべてが Y = 1 になっているとか Y = 2 になっているとかということはないので，メンバーに Y = 1 の人が比較的多いクラスタを Y = 1，Y = 2 の人が比較的多いクラスタを Y = 2，というふうにせざるを得ない。したがって Y の識別がはっきりとせず，上記のようにグレードで表すしかないという

弱点がある。その代わり一度クラスタ化しておけば，別の目的による Y の分類にもそのまま使えるので，複数の目的があるときに便利だというメリットはある。ここでは，それを意図したわけである。

　こうしてグレード化された 72 個の U からなるデータを全部使うのではない。なるべく識別をはっきりさせるために Y のグレード値の小さい U とグレード値の大きい U を選び，中間を捨てる。具体的には Y のグレード値の小さい方から順に U を 5 個選んで新たに分析用の Y = 1 とし，Y のグレード値の大きい方から順に U を 30 個選んで新たに分析用の Y = 2 とした。実際には Y のグレード値 0.25〜0.33 が分析用 Y = 1，0.60〜0.95 が分析用 Y = 2 となった。データは省略するが，この 35 個の U からなり，Y が再び Y = 1 と Y = 2 に分けられたデータから極小条件を計算した。極小条件の長さを 3 以下，つまり構成する属性数 3 以下で，信頼度を原則 0.4 超とすると（ただし U5 は 0.38 以上）下記の 9 個となる。

　　U1 より　　　0.41/0.95C・1E・0.325b
　　U2 より　　　0.75/1H・0.75J　　0.75/J・0i　　0.68/0.75J・0b　　0.5/0.75J
　　U3 はなし
　　U4 より　　　0.42/1A・1C・0E　　0.42/1C・0.54D・0e
　　U5 より　　　0.38/1A・0e　　　　0.38/0.7D・0e

　言葉に戻していうと，たとえば U1 からの 0.41/0.95C・1E・0.325b は「世帯収入が 1000 万円以上で，子供なしで，年齢 30 代以下ならば，ある程度の確実さでファッションに敏感」，また U2 からの 0.75/1H・0.75J は「自分の将来や自分らしさを大事にしながら，かなりの刺激も大事にするならば，かなり確実にファッションに敏感」，また U5 からの 2 つは「フルタイム勤務で下の子が 5 歳以下なら，ある程度の確実さでファッションに敏感」「自己の収入が 600 万円程度以上，かつ下の子が 5 歳以下ならば，ある程度の確実さでファッションに敏感」などである。

　紹介したのは Q11「ファッションに敏感」を目的 Y = 1 としたものである

が，他の項目を目的とする場合も分類のYが変わるだけで，他のデータはそのまま使えるから楽に分析できる．筆者らはこれから試みようと思っているところである．

以上に述べてきたようにラフ集合の実行は，企業，行政，教育におけるあらゆる局面での意思決定の支援，あるいは生活上の身近な問題において人の直観や推論を確かなものにしたり，創造行為に役立てたりすることができる．最後に応用分野をまとめて一覧として掲げるが，これがすべてではないことはもちろんである．

応用分野一覧

A. 企業活動への応用

1. 商品企画や製品設計計画や商品デザイン計画のために

自分の試案，現在の商品，他社の競合品などを対象Uとし，各商品の持つ属性を調べてデータの属性とし，評価実績や評価予想を分類Yとして極小条件を算出し，属性をどうすれば評価が上がるかを推論する．属性はデザイン計画ならば形態要素，設計計画ならば形態の他に構造，材料など，商品企画ならば品質，使いやすさ，わかりやすさ，耐久性，機能など，商品価値にかかわるあらゆる属性となる．評価はデザイン計画ならば美しさや親しみやすさや独自性などの外観イメージ，設計計画ならば目標とした性能の満足度や使いやすさ，わかりやすさ，商品企画ならばお客満足度や販売実績などであろう．本書「4. 帰納・仮説設定のための工夫と連鎖の発見」で取り上げた，カメラの商品企画はこの分野に属する．

2. デザイン計画や設計計画の新しい発想のために

本書「4. 帰納・仮説設定のための工夫と連鎖の発見」で極小条件からの連鎖で発想する手段について説明した。デザイン計画，設計計画で極小条件の後に連鎖を考えて新しい計画を創造することができる。

3. 会社やブランドのイメージ向上のために

自社と競合社や競合ブランドを対象 U とし，会社イメージまたは CI（コーポレートアイデンティティ）の向上ならば経営方針，広報の言葉，営業方針，顧客対応など，ブランドイメージ向上ならば商品属性などを調べてデータの属性とし，市場でのイメージの良否または他との差別度を分類 Y として極小条件を算出し，属性のどれをどう改良すればいいかを推論する。

4. 広告や PR の効果を上げるために

過去の個々の広告や PR 事例を対象 U とし，使用したメディア，表現法，頻度，読むに要する時間，訴えの直接・間接の割合などを調べて属性とし，ターゲットとした人々の認知度または記憶度を分類 Y として，個々の属性をどうすれば効果的な広告や PR を創作できるかを推論する。本章の「⑥ 食品の売り上げを伸ばすための新聞，雑誌，テレビの PR 戦略」はこの分野のものである。

5. テレビ CM 視聴率向上のために

過去の個々の番組を対象 U とし，それぞれについて放映時間帯や内容などを属性とし，調査した視聴率を分類 Y として極小条件を算出し，属性をどうすれば視聴率の高い番組制作ができるかを推論する。

6. チェーン店の出店を成功させるために

このためには本書「2. 人の思考のしくみとその延長」で例として挙げた直売所がそのまま当てはまるので参照されたい。

7. 商品のマーケティング計画のために

ターゲットとする消費者を対象 U とし，人の属性，消費行動，価値観などをアンケート調査などで調べて属性とし，目的とする商品分野への指向または購入実績を分類 Y として極小条件を算出し，どんな属性の人を狙ったらいいかを推論する。本章の「⑦ 大豆ペプチドを買う人はどこから情報を得て，どんな健康意識を持っているか」と「⑧ ファッションに敏感な女性を探る」はこの分野の例である。

B. 行政・教育への応用

1. 行政における調査への応用

市町村の役場が町おこしをはじめ，行政上の施策を立案するとき，住民の意識を把握したい。住民からサンプリングした人たちを対象 U とし，人の属性や生活価値観などを属性とし，行政の施策への直接あるいは間接の賛否や関心

などの意識を分類Yとして極小条件を算出し，どんな属性の人が賛否あるいは関心を持つかを住民の全体について推論する。本章の「② 中心市街地を活性化するためにはどこに着目すべきか」はこの分野の例である。

2. 高齢者の健康管理のために

　高齢社会を迎えて，成人病予防など高齢者の健康管理は本人の幸福のためのみならず医療費抑制のためにも重要である。地域の高齢者から選んだ人たちを対象Uとし，居住環境，生活スタイル，食生活，運動の習慣，健康意識，心の持ち方などを属性とし，健康の状況，成人病の有無と種類などを分類Yとして極小条件を算出し，属性をどうすれば健康維持できるかを推論する。

3. 教育行政の一環として子供の非行予防や学力向上のために

　地域の小中学校や幼稚園において先生が実態を把握している代表的な子供たちを対象Uとし，先生から，あるいは子供の親から，また必要なら子供本人から聞き出した生活スタイル，学習スタイル，性格，塾の状況，家庭環境，学校や幼稚園の環境，教室や友人の状況を属性とし，子供の成績や品行などを分類Yとして極小条件を算出し，非行予防や学力向上のために属性をどうすればいいかを推論する。本書の実施例にはないが，第1章の「1.2 どんな場合に何ができるか―活用のシーン」の「③ 保育園児の偏食は

どうして起こるか」は，行政ではなく私的な興味であるが，テーマは似た問題である。

C. 身近な問題，その他の問題への応用

1. 故障診断や医療診断システムのために

過去の機械の故障や患者の事例を対象Uとし，故障の状況・状態や患者の症状がどんなだったかを記録から調べて属性とし，故障箇所や病名を分類Yとして極小条件を算出しておき（知識獲得），いま直面している故障や患者の症状から故障箇所や病名を突き止める。本書の実施例にはないが，第1章の「1.2 どんな場合に何ができるか—活用のシーン」の「②動物病院の診断支援」はこの分野である。

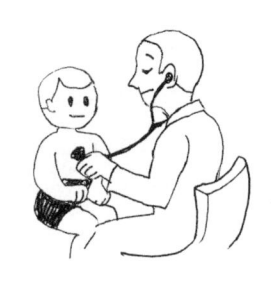

2. 人の自動特定システムのために

対象Uとなるすべての人について調べた顔・指紋の画像を属性とし，人名を分類Yとして極小条件を算出しておけば（知識獲得），いま画像に現れた属性がどんなであればそれは誰かを特定できる。

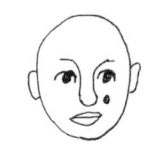

3. 文字や物品が何であるかの判定システムのために

対象Uとなる文字や物品について，画像を調べて属性とし，文字や物品名を分類Yとして極小条件を算出しておき（知識獲得），いま画像に現れた属性のどの部分がどんなであればそれは何かを特定する。

4. 幸福に生きるために

これは応用の可能性があるという話である。幸福に生きるというと一般論としては漠然としすぎているが，特定の枠内にある仲間たちが，何が幸福かについて議論すれば，生活スタイル，財産，所得，家族状況，健康状況などの項目が，具体的な人名の幸福かどうかとともに話題に上るだろう。司会者がいてラフ集合の実行を念頭におきながら話を記録し，その場でデータの形に整えていく。話題に上がった人名を対象 U とするが，具体名はなくてもこんな人といういい方で話題になった仮想の人も対象 U としてよい。そして話題に上がった上記の項目が属性である。属性値が欠落している箇所は司会者が質問して聞き出す。分類 Y は幸福かどうかである。データができたら持ち帰って極小条件を算出する。幸福に生きるためにどうするのがいいかが推論できる。この過程はこの目的に限らず広く別の目的にも転用できる。

あとがき

　終わりにあたって，この本の生まれたいきさつと，この本に込めた思いを，著者の1人である森田小百合がエピソードを交えて語ることで，あとがきに代えたいと思います。

　本書の始まりは，私から森先生への1つの提案からでした。「先生！ 実際の現場で，課題を抱えている方々が理解し使っていただける『解りやすい分析本』を作りませんか？」という率直な思いから出た一言からでした。

　ここに至るまでの経緯を，先生と私の出会いからさかのぼってお話をさせていただきたいと思います。私は，今から12年前，森先生とラフ集合に初めて出会いました。それは長野県上田市の商工会議所主催で行われた「ラフ集合セミナー」でした。東京出身であった私は，当初，結婚，出産育児などの環境の変化から，地方都市の上田で「情報」「デジタル」という新たな分野で，個人事業として起業のスタートを切って間もない時期でした。Windows95の普及と共にインフラが整備され，SOHO「スモールオフィス・ホームオフィス」というワークスタイルで，数名の在宅ワーカーをネットワーク化し，主にWEB制作とOffice関係の委託業務，技術サポートを中心とした活動でスタートしていました。

　そんな活動の中，私にとって大きな出会いがありました。それは「デザイン」という概念です。それまで，工学分野を学んできた私にとっての「デザイン」とは，「色・物・形」「意匠」というイメージでした。ある方との出会いにより「デザイン」とは，あらゆることの「創造」である，という概念を教えていただきました。その教えは私にとって衝撃的なものでした。そして，その方の紹介で出会ったのが森典彦先生とラフ集合でした。

　それまで専攻していた分野や携わっていた仕事上で，実験データを抽出し分析するということには長年かかわってきていましたが，人間の感性に及ぶこと

について，具体的なデータを抽出し，分析を計り進めることの面白みを，先生とラフ集合との出会いにより初めて知ることとなりました。先生のセミナーの中で，私がワクワクする印象を受けた説明は，次のような言葉でした。「ある人を他の人と区別して，その人であると見極めるのに，頭の先から足のつま先まで，他の人と見比べて違いを確認してから判断するでしょうか？人間は，その人と他の人との特徴的な違いを瞬時にキャッチして，その人である，と判断します。ラフ集合は，そのように『要するに…でさえあれば…だ』と確実にいうことができる手法なのです。」

私は，今まで出会うことがなかった新境地に魅了されました。実験データばかり追いかけ分析を繰り返してきた私にとって，その対象が「人」であり「感性」であり，それらを工学的に分析し「デザイン」「創造」へと反映させていくプロセスに，大いなる好奇心と向学の想いを抱くようになりました。それからというもの，私は身の程も知らず，森先生への弟子入りをアプローチし，あまりにしつこく妙な変わったオバサンに観念した先生は，定期的に私に「集合論」「統計分析・数量化分析」「デザイン論」も含めた「ラフ集合」の教えを十数年来，根気良く継続して，導いてくださっているのです。

そのような先生との関係の中で，地方都市，上田でデジタル・情報関係の業務活動をしている私の前に，地元で抱える様々な課題の案件が出されるようになってきました。地方都市の抱える課題は「中小製造業におけるデジタル技術の普及」「観光地への集客再興」「産地直売所の生き残り策」「高齢者の生きがいと地域との関わり」「大型店進出の影響による中心市街地商店街の低迷脱出からの活性化」等々。どれも，日々の現実と直面した，早急に解決を図りたい課題ばかりです。私は，それらの具体的な案件に，現場の中へ入り込み，インタビュー，ヒアリング，体験から現状把握し，現場の抱えている課題の本質を探ることに努めました。それは調査の第一歩は，現場の現状把握からの抽出により，調査票を設計する，という先生の教えがあったからです。そこから課題解決のためのプロセス設計が始まっており，このスタートが最も重要である，という教えは，新たな課題に取り組む都度，スタート時に私自身が常に肝に銘

じていることです。

　このように，先生とラフ集合との出会いからの経緯を述べさせていただきましたが，この分野に携わって強く実感したのが，「分析技術」の実現場での認知度の低さと利活用の少なさです。学術的分野においては，長年の研究に培われた理論に基づいた高い科学技術があり，戦後の日本の製造業における生産工程・品質管理の分野では，その技術は大いに活かされ力を発揮してきたものの，人々の身近な生活シーンでは，ある一部の大手メーカーに，その技術が取り入れられ活かされているだけで，本来，もっと利活用されていれば早急な課題解決につながっているだろうシーンに，まだまだ認知されておらず，その導入の低さを目の当たりにし，非常に残念なことであると思いました。

　私は多くの分析学の先生方とは異なり，今に至るまでの経緯をみていただいたように，かなりの異端者であり，当初より実現場の課題からの取り組みにより，森先生のサポートをいただきながら技術を培ってきました。純粋に，「分析学」「統計学」という学術的技術の追究のその先には，実現場での利活用があって欲しいと思うのです。その純粋な想いからの「解りやすい分析本」の提案でした。

　本書を読んでいただいたすべての方々が，実際にラフ集合の技術を習得していただき，みなさんの抱えていらっしゃる課題解決につなげていただけることが，最も望ましいのかもしれませんが，そこに至らないまでも，本書のタイトルに掲げている「人の考え方」が「人の抱えている課題」の解決につながるのであり，それは統計学や論理学で積み上げられてきた科学知識により解明できるのである，ということを理解していただければ，本書の大きな目的は達成できたと言えると思います。

　インターネット・SNSの日常的な利用の拡がりに伴い，情報は洪水の如く，私たちの日々の生活に溢れています。それゆえに，本当の課題はどこにあり，それを解決するためには，何を抽出し，どのように解決プロセスを進めていけばよいのかを，今まで以上に追究していくことが，私たち一人一人に要求される時代に突入しているかと思います。

しかし，それは素晴らしき，喜ばしき時代への突入であると思います．科学技術の発展により，私たちの生活は利便性が高まり，さらにその中で，本当の「豊かさ」を多くの人々が追求する時代に突入してきたと思えるからです．従来のような「利便性」だけを求めてきた時代に，私たちは様々な大きな代償を払ってきました．それだからこそ今は，本当の「豊かさ」の価値を，身をもって知り，それを追求する気づきに至ってきたのだと思います．

　今のこの時代こそ「ラフ集合」の力が大いに発揮できるものと確信します．本書を読み進めていただいたみなさんに，ぜひ身近な課題に本書で書かれている「人の考え方」を当てはめてイメージしていただければと思います．1つ1つ解決へと導く道筋が，少しでも見えてきていただければ幸いに思います．

　最後に，本書の出版に至るまで，多大なる理解と細かな要望に対応してくださった海文堂出版の岩本様，本書への実例の掲載にあたり，情報提供をご快諾いただいた関係者のみなさま，深く感謝申し上げます．

2013 年 6 月
森田　小百合

注　記

[1] 坂本賢三，「分ける」こと「分かる」こと，講談社学術文庫 1767, pp.51–58, 2006。

[2] G. ブールは「論理の数学的分析」(1847) ではじめて論理を代数的に扱う方法を示した。それを解説する文献は多いが，簡単なものは，たとえば内井惣七，推理と分析，放送大学教材 21321-1-9211, pp.57–58, 1992。

[3] ラフ集合論では Shan/Ziarko の識別行列といい，属性の縮約を求めるための Skowron の識別行列と区別している。

[4] Z. Pawlak: Rough sets, *Internat. J. Inform. Comput. Sci.*, Vol.11, No.5, pp.341–356, 1982。

[5] 中村昭，横森貴，小林聡，谷田則幸，米村崇，津本周作，田中博：ラフ集合 ―その理論と応用―，数理科学，7–12 月号，1994。

[6] 森典彦，髙梨令：ラフ集合の概念による推論を用いた設計支援，東京工芸大学芸術学部紀要，Vol.3, pp.35–38, 1997 がそのはじめてのものである。

[7] 井上拓也・原田利宣・榎本雄介・森典彦，デザインコンセプト立案へのラフ集合の応用―自動車フロントマスクデザインをケーススタディとした形態とイメージとの関係明確化，デザイン学研究，第 49 巻第 3 号，pp.11–18, 2002。

[8] Wittgenstein, L.: Philosophische Untersuchungen, I, pp.65–67, 1953。邦訳：L. ヴィトゲンシュタイン，坂井秀寿・藤本隆志訳，論理哲学論考，pp.275–277, 法政大学出版局，1968。

[9] J. P. サルトル，安堂信也訳，ユダヤ人，岩波新書 227, p.75, 1956。

[10] 単行本では，森典彦・田中英夫・井上勝雄編著，ラフ集合と感性，海文堂出版 2004，または井上勝雄編著，ラフ集合の感性工学への応用，海文堂出版 2009，または長沢伸也・神田太樹編著，数理的感性工学の基礎 第 6 章，森典彦，ラフ集合と感性商品計画，海文堂出版 2010 など，学会論文では上記 [6] をはじめとして 1998 ごろより日本感性工学会，日本デザイン学会，日本知能情報ファジィ学会などの学会誌に多数掲載。

[11] まごの手プロジェクト事業，2012 年 8 月。まちづくり上田株式会社と海野町商店街振興組合と社会福祉法人まるこ福祉会の 3 者からなる共同事業，2013 年 3 月。

[12] 別所温泉魅力創生・地産地消委員会，2010 年 3 月。

[13] マーケティング PR 会社 (株) コムデックス／(株) インテグレートの山田優 (および当時の高橋直人・石井大樹) が，東京工芸大学の森典彦の協力を得て実行したプロジェクト。成果の学会発表は，石井大樹・山田優・高橋直人・森典彦，グレードつきラフ集合におけるコミュニケーションデータ処理—化粧品市場におけるデータマイニングの実際その 1，および石井大樹・森典彦・山田優・高橋直人，グレードつきラフ集合を使った商品コンセプトのための知識獲得—化粧品市場におけるデータマイニングの実際その 2，どちらも第 4 回日本感性工学会大会概要集，2002。

[14] 東京工芸大学の森典彦・高梨令がマーケティング PR 会社 (株) コムデックス／(株) インテグレートの山田優 (および当時の高橋直人・石井大樹) と共同で実行したプロジェクト。成果の学会発表は，R. Takanashi, N. Mori, D. Ishii, N. Takahashi, M. Yamada: Analysis of Foods Report Effectiveness to Media Using Rough Set with Graded Data, *Bulletin of International Rough Set Society*, Vol.7, No.1/2, pp.65–68, 2003。和文では高梨令・森典彦・石井大樹・高橋直人・山田優，グレードつきラフ集合を用いた食品 PR 効果の分析，ラフ集合と感性工学ワークショップ，日本知能情報ファジィ学会ラフ集合研究部会 2003 年 12 月。

[15] マーケティング PR 会社 (株) コムデックス／(株) インテグレートが 2006 年に東京工芸大学の森典彦の協力を得て業務上実行したプロジェクト。

[16] 株式会社ハー・ストーリィ (代表 日野佳恵子) 発表会，2012 HerStyle 変化する 7 つの女性マーケット，アークヒルズカフェ，2012 年 2 月 16 日。(株) ハー・ストーリィが R-Mam 森田小百合と森典彦の協力を得て調査分析した結果を公的に発表したもの。

索　引

【アルファベット】
C.I.　*38, 66, 110, 111*
SD 法　*44*

【あ行】
アリストテレス　*20*
ヴィジュアルアイデンティティ　*127*
ヴィトゲンシュタイン　*88*
上近似　*41, 66*
演繹　*70, 92*

【か行】
階層化　*20*
仮説設定　*71*
家族的類似性　*88*
価値観　*87*
カテゴリー　*19, 25*
簡約化　*70*
帰納　*71*
帰納推論　*39*
吸収律　*27, 28, 53, 54*
極小決定ルール　*66*
極小決定ルール条件部　*66*
極小条件　*33, 67*
クラス　*63*
クラスタ分析　*47, 106, 149, 155*
グラフ表現　*40, 41*
グレード　*43*

グレード識別行列　*50*
系統発生図　*22*
決定属性　*63*
決定表　*63*
決定ルール　*66*
コア　*40, 68, 115, 125, 141*
コント　*71*

【さ行】
坂本賢三　*19*
サルトル　*88*
三段論法　*70*
サンプリング調査　*120*
サンプルスコア　*108, 150*
閾値　*51*
識別行列　*34, 50*
軸　*108*
下近似　*66*
集団認知度　*142, 145*
縮約　*67*
順序関係　*43*
条件　*26, 33*
条件属性　*63*
情報表　*64*
新設計　*74*
信頼度　*59*
推論　*10*
数量化 2 類　*91*

数量化3類　*150, 155*
積　*29*
積集合　*26*
属性　*8*
属性値　*25*

【た行】
大規模データ　*106, 108*
対象　*25*
多変量解析　*91, 106*
知識獲得　*10*
ツリー状構造　*20*
デカルト　*71*
デモグラフィック特性　*116*
同値　*63*
同値類　*63*
特徴　*33, 42, 86*

【は行】
パース　*71*
パブラック　*62*
判別分析　*91*
必要十分条件　*33*
フェヒナー　*44*
フェヒナーの法則　*138*
ブール　*29*
ブール演算　*29*
分配則　*29*
分類　*25*
併合　*75, 119*
べき等律　*29, 53, 54*
ベン図　*21*

母集団　*105*
【ま行】
無向グラフ　*41*
矛盾　*67*

【ら行】
ラフ集合　*66*
ラフ集合論　*62*
ラフ集合論の実行　*69*
累積説明率　*108*
連言　*23*
連鎖　*79, 85*
連鎖状　*42*
論理数学　*62*

【わ行】
和　*29*
和集合　*26*

ラフ集合極小条件計算ソフトの紹介

入手の方法

　本書で扱った極小条件の計算は，「ラフ集合極小条件計算ソフト」と名付けた1枚のCD-ROMとして下記から販売されており，ホームページ http://www.hol-on.co.jp/からでも購入できる。

　　　株式会社ホロンクリエイト
　　　電話 045-475-3903　　　FAX 045-475-3904
　　　住所 222-0033 横浜市港北区新横浜 3-18-20
　　　　　　　パシフィックマークス新横浜9階

データサイズ

　第6章の「6.1 データサイズ」にも述べたように，パソコンで実用的なものとするために計算時間を30分程度に抑えたので，扱えるデータの大きさはほぼ下記を上限とする。これを大きく超えると計算が途中でストップする。
　　カテゴリー極小条件計算では

　　　　対象 U の数…100
　　　　属性数…12（ただし各属性の属性値数が 2〜4 のとき）
　　　　　　　別の言い方では属性値総数 40
　　　　分類クラス Y の数…7

　属性値総数というのは各属性の属性値数を合算した数を指す。たとえば上記のように属性数が12で，各属性の属性値数が 2〜4 で平均3.3のときは，属性

値総数が 40 となる．属性値総数 40 を守れば，属性数および平均属性値数は加減してよい．ここで注意すべきは，これら上限は U の数，属性数，Y の数の個々の上限であって，組み合わせの上限ではない．組み合わせでは大きく下がる．たとえば U の数と Y の数が上限に近い場合は属性値総数を 24 程度に落とさなければならない．また属性値総数と Y の数が上限に近い場合は U の数を 60 程度に落とさなければならない．U の数と属性値総数が上限に近い場合は Y の数を 2 まで落とさなければならない．

グレード極小条件計算では

> 対象 U の数…95
> 属性数…17
> 分類クラス Y の数…7

グレードの場合も，これら上限は個々の上限であって組み合わせの上限ではない．たとえば U の数と属性数が上限に近い場合は Y の数を 2 まで落とさなければならない．しかしグレードの場合は閾値を動かす手がある．上記は閾値を 0.35 とした場合である．0.4 にするなど閾値を高くすれば当然計算は軽くなって上限を上げられるし，逆に 0.3 と低くすると上限を上記より低くしないと計算できない．

以上，カテゴリーの場合もグレードの場合も計算時間はデータの複雑さによって大きく変わるので，上限の数値は一概にはいえず，上記は目安に過ぎない．

データサイズを落とすための，いろいろな方法については「6.1 データサイズ」に記載してある．

使い方

CD-ROM には「カテゴリー極小条件計算」と「グレード極小条件計算」の 2 つのソフトが入っており，Windows XP およびそれ以降の OS で作動すること

が確かめられている。

はじめに CD-ROM から2つのソフトをデスクトップにコピーする。

1 「カテゴリー極小条件計算」の使い方

1.1 マクロの有効化

デスクトップの「カテゴリー極小条件計算」を開くと，例題の書かれた EXCEL の計算シートが現れる。シートの上方にセキュリティの警告が表示され，そこに［オプション］があるのでクリックすると，マクロに関する画面が出て，コンテンツ保護のためにマクロが無効にされているならば「このコンテンツを有効にする」を選び，OK を押してマクロを有効にする。

1.2 例題の実行

① マクロ有効化の後，まず例題をやってみる。対象 U はサンプルと名付けられ，属性 A, B, C, …は便宜上 S1, S2, S3, …と書かれていることを確認する。上部にサンプル数 17, 属性数 8 とあるが，その右方にある［サンプル数・属性数調査］のボタンを押してみて，そのとおりであることも確認しよう。

② 左上方の［実行］ボタンを押す。時間がかかるとのメッセージが出るので［はい］を押す。

③ 時間を経て計算が終わり，再び「計算シート」が現れるとともに，保存しないで終了してくださいとのメッセージが出るので［OK］を押す。

④ 計算シートの下方にある別シートの見出しから Y = 1 を選んでクリックすると，Y = 1 の極小条件がずらりと縦に並んで現れ，それぞれの C.I. 値と，出どころである対象 U が＊印によって示される。Y = 2〜Y = 4 についても同様である。計算シートには入力データが示されている。

⑤ 保存しないで閉じる。閉じようとすると「…への変更を保存しますか」と訊ねてくるので［いいえ］を押す。保存したいときは別の場所にコ

ピーしてから閉じる。

1.3 自分のデータの計算

① 別の EXCEL シートにデータを予め作っておく。データの書き方は例題と同様，属性は英語の大文字 A，B，C，…を用いてアルファベットの順に並べるものとし，属性値はこれらに数字を添えた 2 桁で書く。

② マクロ有効化の後，予め作っておいたデータを，例題の書かれた計算シートにコピー・貼り付けで入力する。または例題を上書きする形で直接計算シートに書いてもよい。

③ ここで上右方にある［サンプル数・属性数調査］のボタンを押すと，サンプル数と属性数が自動的に計算されて切り替わるとともに U 番号，属性および Y 記号も自動的に新しく付されるので確かめておく。

④ 左上方の［実行］ボタンを押す。あとは例題と同じなので上記 1.2 ② 以下を参照のこと。

2　「グレード極小条件計算」の使い方

2.1　マクロの有効化

上記 1.1 に同じ。

2.2　例題の実行

① マクロ有効化の後，まず例題をやってみる。対象 U はサンプルと名付けられ，属性はここでは A，B，C，…と書かれていることを確認する。上部にサンプル数 12，属性数 7 とあるが，その右方にある［サンプル数・属性数調査］のボタンを押してみて，そのとおりであることも確認しよう。

② 左上方の［実行］ボタンを押す。時間がかかるとのメッセージが出るので［はい］を押す。

③ 時間を経て計算が終わり，極小条件のシートが現れるとともに，保存しないで終了してくださいとのメッセージが出るので［OK］を押す。
④ 現れている極小条件がどのYの極小条件であるかは下方のシート見出しで分かるので，他のYの極小条件を見るには下方にある別シートの見出しからそのYを選んでクリックすればよい。たとえばY＝1をクリックしてみよう。
⑤ 現れたシートの隠れたところを見逃さないよう，シートを左右に動かして確認する。Y＝1に属する3個の対象U1，U2，U3の極小条件が，一番左からその順に3個の列として並んでいる。U1から2個，U2から3個，U3から1個の極小条件が抽出されたことがわかる。

　読み方を示す。第1列第1行の

$$0.3AB/0.5/A/0.8/B$$

は，本書の図表2-29の表記にならえば

$$0.3/0.5A \cdot 0.8B$$

であり，「Aが0.5以上かつBが0.8以上のグレードならば，信頼度0.3でY＝1のU1が他のYから識別される」を意味する。同様に第1列第2行の

$$0.3Be/0.8/B/0.5/e$$

は

$$0.3/0.8B \cdot 0.5e$$

であり，「Bが0.8以上かつEが0.5以下のグレードならば，信頼度0.3でY＝1のU1が他のYから識別される」を意味する。

　U2，U3についても同様に読み取れるし，別のシートにある他のYの極小条件も同様にして読むことができる。計算シートには入力データ

が示される。

⑥ 保存しないで閉じる。閉じようとすると「…への変更を保存しますか」と訊ねてくるので［いいえ］を押す。保存したいときは別の場所にコピーしてから閉じる。

2.3　自分のデータの計算

① 別の EXCEL シートにデータを予め作っておく。データの書き方は例題と同様，属性は英語の大文字 A，B，C，…を用いてアルファベットの順に並べるものとし，属性値はこれらの前にグレード値を加えて書く。

② マクロ有効化の後，予め作っておいたデータを，例題の書かれた計算シートにコピー・貼り付けで入力する。または例題を上書きする形で直接計算シートに書いてもよい。

③ 閾値を入力する。予め決めた閾値を計算シート右上方の［しきい値］に書きこみ，Enter を押すと確定される。

④ ここで上右方にある［サンプル数・属性数調査］のボタンを押すと，サンプル数と属性数が自動的に計算されて切り替わるとともに U 番号，属性および Y 記号も自動的に新しく付されるので確かめておく。

⑤ 左上方の［実行］ボタンを押す。あとは例題と同じなので上記 2.2② 以下を参照のこと。カテゴリーの場合と同様，U によっては極小条件が抽出されない場合があるが，その場合は，その列は空欄のまま U 番号だけ示される。また，長い極小条件の場合は，列の幅が足りなくて隣の列に重なって表示されるから，その列の幅を動かして見やすくする。極小条件の読み方も 2.2⑤ に準じて読む。

■著者

森　典彦（もり　のりひこ）
1955年　東京大学工学部応用物理学科卒業
　　　　ドイツ・ウルム造形大学にてデザイン方法論研究
　　　　日産自動車造形スタジオ部長
　　　　同社商品開発室総合計画部主管を経て
1984年　千葉大学工学部工業意匠学科教授
1994年　東京工芸大学芸術学部教授
　　　　同学部特任教授を経て2003年退職
1992～1995年　日本デザイン学会会長
1996年　日本デザイン学会賞受賞
現在　　日本デザイン学会名誉会員，日本感性工学会参与
［著書］デザインの工学（朝倉書店 1991）
　　　　ラフ集合と感性（海文堂出版 2004 編著）ほか

森田　小百合（もりた　さゆり）
1987年　工学院大学工学部工業化学科卒業
　　　　工業フィルム会社（株）きもと入社研究部所属，1990年退社
2001年～現在　デジタル情報デザイン/Office アール・マム設立 代表
2003年～現在　長野県工科短期大学校非常勤講師
2005年～現在　NPO法人うえだ地域創造支援機構設立 理事長
2008年～現在　長野大学企業情報学部非常勤講師
2003～2010年　上田市情報化推進委員
　　　　　　　上田市行財政改革推進委員など

ISBN978-4-303-72396-5　　　人の考え方に最も近いデータ解析法──ラフ集合が意思決定を支援する

2013年8月1日　初版発行　　　　　Ⓒ N. MORI / S. MORITA 2013

著　者　森 典彦・森田 小百合　　　　　　　　　　　　検印省略
発行者　岡田節夫
発行所　海文堂出版株式会社
　　　　本　社　東京都文京区水道2-5-4（〒112-0005）
　　　　　　　　電話 03(3815)3291(代)　FAX 03(3815)3953
　　　　　　　　http://www.kaibundo.jp/
　　　　支　社　神戸市中央区元町通3-5-10（〒650-0022）
日本書籍出版協会会員・工学書協会会員・自然科学書協会会員

PRINTED IN JAPAN　　　　　印刷　田口整版／製本　小野寺製本

JCOPY ＜(社)出版者著作権管理機構 委託出版物＞
本書の無断複写は著作権法上での例外を除き禁じられています．複写される場合は，そのつど事前に，(社)出版者著作権管理機構（電話03-3513-6969，FAX 03-3513-6979，e-mail: info@jcopy.or.jp）の許諾を得てください．

図 書 案 内

ラフ集合と感性
—データからの知識獲得と推論

森 典彦・田中英夫・井上勝雄 編
A5・200頁・定価（本体2,400円＋税）
ISBN978-4-303-72390-3

日本語で書かれた最初のラフ集合の本。第1章はラフ集合の考えかたを数学的表現をできるだけ抑えて平易に解説。第2章はラフ集合ソフト（別売）の使用法を解説。第3章から第6章は事例研究を紹介。第7章と第8章は応用に関する理論編。

ラフ集合の感性工学への応用

井上勝雄 編
A5・256頁・定価（本体2,800円＋税）
ISBN978-4-303-72393-4

感性という視点から商品開発やサービス開発、製品デザインなどを行う際の手法であるラフ集合理論の、感性工学に関する応用事例集。企業関係者にも参考になる身近な事例を選出。可変精度ラフ集合も詳しく紹介。ラフ集合ソフト（別売）使用法の解説付。

商品開発と感性

長町三生 編
A5・260頁・定価（本体2,800円＋税）
ISBN978-4-303-72391-0

感性製品の事例を中心に、感性の測定や感性から設計へ至る過程および統計手法の使いかたなどをわかりやすく記述。新しい手法である「ラフ集合論」の感性工学への応用についても多くのページを割いている。

デザインと感性

井上勝雄 編
A5・288頁・定価（本体2,900円＋税）
ISBN978-4-303-72392-7

ロングライフデザイン、ユニバーサルデザイン、環境への配慮、インタフェースデザイン、デザインのデジタル化、デザインマネージメント、デザインコンセプト、マーケティング、デザイン評価などについて解説。

数理的感性工学の基礎
—感性商品開発へのアプローチ

長沢伸也・神田太樹 共編
A5・160頁・定価（本体2,200円＋税）
ISBN978-4-303-72394-1

感性評価の概要、心理物理学、SD法と主成分分析、ニューラルネットワーク、GA、ラフ集合、AHPといった感性工学で用いられる数理的手法の解説と感性工学への適用例から構成。感性商品開発に携わる実務家ならびに感性工学研究者の必読書。

エクセルによる調査分析入門

井上勝雄 著
A5・208頁・定価（本体2,000円＋税）
ISBN978-4-303-73091-8

マーケティング、デザインコンセプト策定に携わる読者に、実践的例題により、統計的検定の考え方から、尤度関数を用いた最新の多変量解析手法、ラフ集合や区間分析の手法まで解説。（別売エクセルVBAソフトあり）

表示価格は2013年6月現在のものです。
目次などの詳しい内容はホームページでご覧いただけます。
http://www.kaibundo.jp/